GOLLA RAVI
MUKKU SHANMUKH RAJU
WANGSHITULA LONGCHAR

COMERCIALIZAÇÃO E INCUBAÇÃO DE TECNOLOGIAS NA AGRICULTURA

GOLLA RAVI
MUKKU SHANMUKH RAJU
WANGSHITULA LONGCHAR

COMERCIALIZAÇÃO E INCUBAÇÃO DE TECNOLOGIAS NA AGRICULTURA

ScienciaScripts

Cover image: www.ingimage.com

This book is a translation from the original published under ISBN 978-3-659-81240-8.

Publisher:
Sciencia Scripts
is a trademark of
Dodo Books Indian Ocean Ltd. and OmniScriptum S.R.L publishing group

120 High Road, East Finchley, London, N2 9ED, United Kingdom
Str. Armeneasca 28/1, office 1, Chisinau MD-2012, Republic of Moldova, Europe
Managing Directors: Ieva Konstantinova, Victoria Ursu
info@omniscriptum.com

Printed at: see last page
ISBN: 978-620-8-36758-9

LIVRO DE TEXTO SOBRE
COMERCIALIZAÇÃO E INCUBAÇÃO DE TECNOLOGIAS NA AGRICULTURA

DR. GOLLA RAVI
PROFESSOR ADJUNTO DEPARTAMENTO DE EXTENSÃO AGRÍCOLA
ESCOLA DE AGRICULTURA
MOHAN BABU UNIVERSITY, TIRUPATHI, ANDHRA PRADESH

MUKKU SHANMUKH RAJU
BOLSEIRO DE DOUTORAMENTO EM EXTENSÃO AGRÍCOLA ESCOLA DE CIÊNCIAS SOCIAIS
ESCOLA DE ESTUDOS PÓS-GRADUADOS EM CIÊNCIAS AGRÍCOLAS, UMAIM, UNIVERSIDADE AGRÍCOLA CENTRAL-IMPHAL 793103

WANGSHITULA LONGCHAR
BOLSEIRO DE DOUTORAMENTO EM EXTENSÃO AGRÍCOLA ESCOLA DE CIÊNCIAS SOCIAIS
ESCOLA DE ESTUDOS PÓS-GRADUADOS EM CIÊNCIAS AGRÍCOLAS, UMAIM, UNIVERSIDADE AGRÍCOLA CENTRAL-IMPHAL 793103

GOLLA RAVI

É professor assistente na Escola de Agricultura da Universidade Mohan Babu. Concluiu o mestrado (Extensão Agrícola) na Universidade Agrícola do Estado de Professor Jayashankar Telangana e o doutoramento na Universidade Agrícola Central (Meghalaya). Ele foi aprovado na rede ARS (2021 e 2023) e na rede UGC (2021 e 2022). Ele também é autor de 6 artigos de pesquisa, dois livros, seis capítulos de livros e seis artigos populares. Participou em diferentes conferências, acções de formação e workshops.

MR. M. SHANMUKH RAJU

Atualmente, está a tirar o doutoramento em Extensão Agrícola na Escola de Ciências Sociais, CPGS-AS, CAU (Imphal), Umiam, Meghalaya. Obteve aprovação nos exames ARS NET e UGC NET. Além disso, é autor de seis artigos de investigação e participou em numerosos workshops, sessões de formação e conferências.

WANGSHITULA LONGCHAR

Atualmente, está a fazer o seu doutoramento em Extensão Agrícola no CPGS-AS, Umiam, Meghalaya, na Central Agricultural University, Imphal. Concluiu o seu mestrado na Dr. RPCAU e o seu bacharelato na SHUATS. Passou três vezes no UGC NET e foi galardoada com a bolsa NFST em 2021. Contribuiu para a literatura académica, tendo publicado quatro artigos de investigação, sido autora de seis capítulos de livros com ISBN em livros conceituados e escrito três artigos populares. Participou também em várias conferências nacionais e internacionais com vários resumos publicados, tendo sido premiada com três melhores apresentações de posters.

PREFÁCIO

O panorama agrícola mundial está a sofrer uma mudança significativa, com a tecnologia no seu centro. Os avanços na agricultura de precisão, na biotecnologia, na agricultura digital e nas práticas sustentáveis prometem dar resposta a desafios críticos como a segurança alimentar, as alterações climáticas e a gestão dos recursos. No entanto, a jornada da inovação tecnológica para a aplicação prática em ambientes agrícolas muitas vezes enfrenta obstáculos. Este livro, Technology Commercialization and Incubation in Agriculture, visa colmatar esta lacuna, oferecendo uma exploração aprofundada da forma como as inovações passam dos laboratórios de investigação para os campos dos agricultores e como os centros de incubação podem capacitar os empresários agrícolas e as empresas agro-industriais para aproveitarem eficazmente estes avanços.

Estruturado para fornecer uma compreensão abrangente tanto da comercialização quanto da incubação, o livro começa com uma discussão sobre a comercialização de tecnologia - detalhando as etapas e estratégias que levam uma inovação do conceito ao mercado. Várias estruturas e modelos são apresentados para esclarecer esse processo complexo, acompanhados de estudos de casos reais para mostrar os sucessos e as lições aprendidas. Nas últimas secções, o livro aprofunda a incubação agrícola, descrevendo como os centros de incubação fomentam as empresas em fase de arranque, orientam os novos empreendimentos agro-tecnológicos e ajudam os empresários a enfrentar os desafios de aumentar a escala e chegar ao mercado.

Este livro destina-se não só a estudantes e investigadores, mas também a profissionais, decisores políticos e a todos os que investem no futuro da inovação agrícola. Cada capítulo incorpora ideias sobre políticas de apoio, papéis institucionais e parcerias efectivas necessárias para uma comercialização e incubação bem sucedidas. Ao examinar exemplos práticos e estudos de caso globais, pretendemos equipar os leitores com os fundamentos teóricos e as ferramentas práticas necessárias para impulsionar a adoção de tecnologia e a inovação sustentável na agricultura. A nossa esperança é que este recurso inspire a ação e a inovação, contribuindo para um sector agrícola mais resistente, produtivo e sustentável.

CONTEÚDO

1. CONCEITOS E TIPOS DE TECNOLOGIA

Tecnologia

A tecnologia é a aplicação de conhecimentos científicos para fins práticos, nomeadamente na indústria. Engloba ferramentas, máquinas, sistemas e métodos que resolvem problemas e melhoram as capacidades humanas. Desde as ferramentas mais simples, como um martelo de pedra, até sistemas complexos, como a Internet, a tecnologia tem sido um motor fundamental do progresso humano.

Importância na sociedade moderna

No mundo atual, a tecnologia desempenha um papel fundamental em quase todos os aspectos da vida. Molda a forma como vivemos, trabalhamos, comunicamos e até pensamos. O ritmo acelerado da evolução tecnológica conduziu a avanços significativos nos cuidados de saúde, nos transportes, na educação e noutras áreas críticas, tornando-a uma pedra angular da civilização moderna.

Funções da tecnologia

1. Aumento da produtividade

A tecnologia aumentou drasticamente a produtividade em vários sectores. A automatização e a mecanização substituíram o trabalho manual em muitos sectores, conduzindo a processos de produção mais rápidos e mais eficientes. Por exemplo, na agricultura, a maquinaria avançada e a biotecnologia revolucionaram as práticas agrícolas, conduzindo a rendimentos mais elevados e a práticas mais sustentáveis.

2. Facilitação da comunicação

O desenvolvimento das tecnologias de comunicação, como o telefone, a Internet e os dispositivos móveis, transformou a forma como as pessoas se relacionam umas com as outras. A informação pode agora ser partilhada instantaneamente em todo o mundo, promovendo a colaboração global e derrubando barreiras à comunicação.

3. Melhoria da qualidade de vida

Os avanços tecnológicos melhoraram significativamente a qualidade de vida de muitas pessoas. Desde dispositivos médicos que prolongam a esperança de vida a inovações na domótica que facilitam as tarefas diárias, a tecnologia teve um impacto profundo nos padrões de vida.

4. Impacto no ensino e na aprendizagem

A tecnologia revolucionou a educação ao fornecer novas ferramentas para a aprendizagem e o ensino. Os cursos em linha, o software educativo e as plataformas de aprendizagem interactivas tornaram a educação mais acessível e personalizada.

Isto levou à democratização do conhecimento, onde a aprendizagem já não está confinada à sala de aula.

5. Papel no crescimento económico

A inovação tecnológica é um motor essencial do crescimento económico. As novas tecnologias criam novas indústrias e mercados, conduzindo à criação de emprego e ao desenvolvimento económico. Por exemplo, a ascensão da indústria tecnológica tem contribuído de forma significativa para o crescimento económico em países como os Estados Unidos e a China.

Processo de avanço tecnológico

O processo de avanço tecnológico envolve normalmente quatro fases fundamentais: invenção, descoberta, inovação e desenvolvimento tecnológico. Segue-se uma breve descrição de cada fase:

1. Invenção

A invenção é a criação de um novo dispositivo, método ou processo que não existia anteriormente. Resulta frequentemente de uma necessidade específica ou da identificação de um problema que requer uma solução. Exemplo: A invenção da lâmpada eléctrica por Thomas Edison.

2. Descoberta

A descoberta consiste em encontrar ou reconhecer algo que já existe, mas que era anteriormente desconhecido ou pouco apreciado. As descobertas podem conduzir a uma nova compreensão e, muitas vezes, a novas invenções ou avanços tecnológicos. Exemplo: A descoberta da penicilina por Alexander Fleming, que revolucionou a medicina.

3. Inovação

A inovação é o processo de pegar numa invenção ou descoberta e melhorá-la ou aplicá-la de novas formas para criar valor. A inovação envolve frequentemente uma aplicação prática e pode resultar em novos produtos, serviços ou processos com impacto comercial ou social. Exemplo: O desenvolvimento de smartphones, que integrou e inovou a tecnologia existente de telemóveis e dispositivos informáticos.

4. Tecnologia

A tecnologia refere-se à aplicação de conhecimentos científicos para fins práticos. Engloba as ferramentas, os sistemas e os métodos utilizados para resolver problemas, melhorar a eficiência ou melhorar a qualidade de vida. A tecnologia evolui à medida que as invenções e inovações são adoptadas e aperfeiçoadas. Exemplo: A utilização generalizada da Internet, que transformou a comunicação, o comércio e o acesso à informação a nível mundial.

Estas fases sobrepõem-se e interagem frequentemente, criando um processo dinâmico de avanço tecnológico que molda continuamente a sociedade e a indústria. As empresas dedicam-se à investigação e desenvolvimento para desenvolver invenções e inovações e para lucrar com a sua difusão. No entanto, as empresas geralmente não investem esforços de investigação para encontrar novas descobertas, porque estas não podem ser patenteadas nem têm necessariamente uma aplicação comercial óbvia, tornando improvável que um processo descoberto possa ser utilizado para desenvolver um novo produto ou um novo processo que permita à empresa obter mais lucros. Por esta razão, os governos subsidiam geralmente a investigação fundamental.

O processo de inovação tecnológica

O processo de inovação tecnológica consiste numa série de fases necessárias para implementar melhorias ou desenvolver um novo processo de produção, produto ou serviço.

Existem duas ideias sobre a origem das inovações tecnológicas. Uma defende que o impulso tecnológico provém dos sectores de investigação e desenvolvimento científico, sem qualquer finalidade comercial e a outra (Market Pull), mais aceite atualmente, afirma que são as necessidades do mercado que instigam as empresas a desenvolver novas tecnologias que satisfaçam as exigências dos consumidores e das empresas.

As 8 fases do processo de inovação tecnológica 1- Investigação de base

A investigação fundamental é a fase do processo de inovação tecnológica que só ocorre nas grandes empresas, geralmente nos sectores farmacêutico, energético e das tecnologias da informação, e que mantém os departamentos de investigação e desenvolvimento permanentemente a par do estado da arte das tecnologias com maior impacto nas suas organizações.

2- Investigação aplicada

Quando detecta algumas necessidades específicas do mercado que podem representar uma oportunidade para desenvolver uma vantagem competitiva sustentável para o negócio, a empresa procura entre as tecnologias que dominam a forma de resolver este problema.

3- Desenvolvimento

Ao chegar a uma solução para a necessidade do mercado, é hora de desenvolver o produto, serviço ou processo que será comercializado ou empregado.

Para tal, é desenvolvido um protótipo que deve ser testado, de preferência com a ajuda do público que o vai utilizar.

4- Engenharia

Com o protótipo definido, é necessário transformá-lo num produto ou serviço escalável que possa ser produzido em massa ou satisfazer as necessidades específicas de um sector.

São pesquisados materiais, fornecedores, formas adequadas de armazenamento e transporte, como conectar peças e beneficiar insumos, definir quais profissionais precisarão ser contratados e treinados, entre outras medidas.

5- Fabrico

Este é um dos aspectos mais importantes do processo de inovação tecnológica.

É hora de definir a melhor forma de entregar a solução criada ao cliente final, com eficiência e qualidade.

6- Marketing

Com o produto ou serviço pronto para ser lançado, é altura de fazer testes de conceito, estudos de mercado e testes de mercado para ver se ainda são necessários alguns ajustes, dependendo da forma como a sua aceitação e distribuição estão a decorrer nos mercados de teste.

7- Promoção

Uma vez concluídos os testes de mercado, o produto ou serviço é lançado a nível nacional ou mundial, consoante os mercados que a empresa serve.

8- Melhoria contínua

Uma vez lançados, tanto o produto ou serviço como os fluxos de processo utilizados para os produzir e entregar aos clientes finais são constantemente medidos e analisados, com o objetivo de procurar formas de os melhorar ainda mais, acrescentando ainda mais valor percebido pelos clientes finais.

Quatro tipos diferentes de inovação são

1. Inovação incremental
2. Inovação arquitetónica
3. Inovação disruptiva
4. Inovação radical

1. Inovação incremental

Tecnologia existente, mercado existente

Uma das formas mais comuns de inovação que podemos observar. Utiliza tecnologias existentes num mercado existente. O objetivo é melhorar uma oferta existente, acrescentando novas funcionalidades, alterações na conceção, etc.

Exemplo

O melhor exemplo de inovação incremental pode ser visto no mercado dos smartphones, onde a maior parte da inovação se limita a atualizar o hardware, a melhorar o design ou a acrescentar algumas funcionalidades/câmaras/sensores adicionais, etc.

2. Inovação disruptiva

Nova tecnologia, mercado existente

A inovação disruptiva está sobretudo associada à aplicação de novas tecnologias, processos ou modelos empresariais disruptivos aos sectores existentes. Por vezes, as novas tecnologias e modelos de negócio parecem, especialmente no início, inferiores às soluções existentes, mas após algumas iterações, ultrapassam os modelos existentes e conquistam o mercado devido a vantagens de eficiência e/ou eficácia.

Exemplos

A Amazon utilizou as tecnologias da Internet para perturbar o sector das livrarias. A empresa tinha o mercado de livros existente, mas mudou a forma como este era vendido, entregue e experimentado graças à utilização de tecnologias disruptivas. Outro exemplo foi o iPhone, em que as tecnologias existentes no mercado (telefones com botões, teclados, etc.) foram substituídas por dispositivos centrados na interface tátil combinados com interfaces de utilizador intuitivas.

3. Inovação arquitetónica

Tecnologia existente, novo mercado

A inovação arquitetónica é algo a que assistimos atualmente com gigantes da tecnologia como a Amazon, a Google e muitos outros. Pegam na sua experiência de domínio, tecnologia e competências e aplicam-nas a um mercado diferente. Desta forma, podem abrir novos mercados e expandir a sua base de clientes.

Exemplos

Especialmente os orquestradores de ecossistemas digitais, como a Amazon e a Alibaba, utilizam esta estratégia de inovação para entrar em novos mercados. Utilizam a experiência existente na criação de aplicações e plataformas e a sua base de clientes atual para oferecer novos serviços e produtos para diferentes mercados. Um exemplo recente: A Amazon entrou recentemente no sector dos cuidados médicos.

4. Inovação radical

Nova tecnologia, novo mercado

Mesmo sendo a forma estereotipada como a maioria das pessoas vê a inovação, é a forma mais rara de todas. A inovação radical envolve a criação de tecnologias, serviços e modelos de negócio que abrem mercados totalmente novos.

Exemplo

O melhor exemplo de inovação radical foi a invenção do avião. Esta nova tecnologia radical abriu uma nova forma de viajar, inventou uma indústria e um mercado totalmente novo.

Domínios de inovação

A inovação pode assumir diferentes formas e resultados. Quando se fala em inovação, a maioria das pessoas pensa em novos produtos, mas existe uma grande variedade de resultados possíveis. Eis uma lista dos mais comuns

1. Inovação do produto e do desempenho do produto

Ou se desenvolve um novo produto ou se melhora o desempenho de um produto existente. Este tipo de inovação é muito comum no mundo dos negócios.

2. Inovação tecnológica

As novas tecnologias podem também ser a base de muitas outras inovações. O melhor exemplo é a Internet, que foi em si mesma uma inovação, mas que também conduziu a outras inovações em vários domínios.

3. Inovação do modelo empresarial

Muitas das empresas mais bem sucedidas do mundo conseguiram inovar o seu modelo de negócio. A utilização de diferentes canais, tecnologias e novos mercados pode conduzir a novos modelos de negócio possíveis que podem criar, fornecer e captar o valor do cliente. Os ecossistemas digitais são um exemplo bem conhecido de inovação que utiliza várias tecnologias e cria um tipo de negócio totalmente novo.

4. Inovação organizacional

Gerir e partilhar recursos de uma nova forma também pode ser uma inovação. Desta forma, é possível utilizar recursos e activos de uma forma completamente nova.

5. Inovação de processos

A inovação nos processos pode melhorar a eficiência ou a eficácia dos métodos existentes. As possíveis inovações de processos envolvem a produção, a entrega ou a interação com o cliente.

6. Marketing / Vendas - Inovação em novos canais

Novos métodos para captar e manter a atenção dos clientes. Quer através da utilização de conceitos inovadores de marketing/vendas, quer através da utilização de novos canais para a aquisição/venda de clientes.

7. Inovação em rede

Ao ligar diferentes grupos e partes interessadas, pode ser possível criar valor adicional. Este tipo de inovação é muito comum devido à utilização de serviços TIC.

8. Envolvimento / Retenção de clientes

Conceitos inovadores que tentam aumentar o envolvimento dos clientes e manter a retenção. O objetivo é dispor de modelos inovadores para manter os clientes "presos" ou empenhados.

Referências:

Christensen, C. M. (1997). The Innovator's Dilemma: When New Technologies Cause Great Firms to Fail [O Dilema do Inovador: Quando Novas Tecnologias Fazem Grandes Empresas Fracassarem]. Harvard Business Review Press.

Christensen, C. M., Raynor, M. E., & McDonald, R. (2015). "O que é inovação disruptiva?" Harvard Business Review, 93(12), 44-53.

Freeman, C., & Soete, L. (1997). The Economics of Industrial Innovation (3ª ed.). Routledge.

Henderson, R. M., & Clark, K. B. (1990). "Architectural Innovation: The Reconfiguration of Existing Product Technologies and the Failure of Established Firms". Administrative Science Quarterly, 35(1), 9-30.

Schilling, M. A. (2020). Gestão estratégica da inovação tecnológica (6ª ed.). McGraw- Hill Education.

Von Hippel, E. (1988). The Sources of Innovation. Oxford University Press.

2. TECNOLOGIA E TIPOS DE AGRICULTURA

A tecnologia agrícola refere-se aos instrumentos, maquinaria, técnicas e processos utilizados para aumentar a produtividade e a eficiência da agricultura. Inclui inovações nas áreas da produção de culturas, gestão de gado, fertilidade do solo, controlo de pragas, irrigação, colheita, comercialização e valor acrescentado, entre outras. O principal objetivo da tecnologia agrícola é melhorar a quantidade e a qualidade dos produtos agrícolas, minimizando a utilização de mão de obra e de recursos.

Tipos de tecnologia agrícola

1. Tecnologia mecânica

- Tractores, arados e ceifeiras: Máquinas essenciais para a preparação da terra, plantação e colheita.
- Sistemas de irrigação: Os sistemas de irrigação por gotejamento, aspersão e pivô ajudam a gerir a utilização da água e a melhorar o crescimento das culturas.

2. Biotecnologia

- Organismos Geneticamente Modificados (OGM): Culturas geneticamente modificadas para obter caraterísticas como resistência a pragas e tolerância à seca.
- Melhoramento de plantas: Desenvolvimento de variedades de culturas de alto rendimento e resistentes a doenças através de reprodução selectiva.

3. Tecnologias da informação e da comunicação (TIC)

- Aplicações móveis e plataformas digitais: Ferramentas para acesso ao mercado, previsão meteorológica e gestão remota de explorações agrícolas.
- Software de agricultura de precisão: Ferramentas que recolhem e analisam dados para otimizar os tempos de plantação e colheita.

4. Tecnologia de agricultura de precisão

- Sistemas GPS e GIS: Utilizados para cartografar os campos e orientar a maquinaria, reduzindo a utilização de recursos.
- Drones e sensores remotos: Monitorizar a saúde das culturas, as condições do solo e os níveis de água.

5. Tecnologias de gestão dos solos e das culturas

- Kits de análise do solo: Analisar o conteúdo de nutrientes e o pH do solo para orientar a fertilização.

- Culturas de cobertura e rotação de culturas: Técnicas para manter a fertilidade do solo e controlar as pragas de forma natural.

6. **Práticas Agroflorestais e de Permacultura**

➢ Modelos Agroflorestais: Integrar árvores e arbustos na agricultura para melhorar a biodiversidade e a saúde do solo.
➢ Design de Permacultura: Métodos sustentáveis para criar ecossistemas agrícolas auto-suficientes.

7. **Tecnologia pós-colheita**

➢ Tecnologias de armazenamento: Armazenamento a frio e silos para reduzir as perdas pós-colheita.

➢ Equipamento de processamento: Máquinas para classificar, selecionar e embalar, acrescentando valor aos produtos.

8. **Tecnologia das energias renováveis**

➢ Painéis solares e biocombustíveis: Utilizados para alimentar equipamentos e sistemas de irrigação, reduzindo a dependência de combustíveis fósseis.
➢ Turbinas eólicas: Geram energia para explorações rurais com acesso limitado à rede eléctrica.

9. **Agro-robótica e automatização**

➢ Maquinaria automatizada: Robots para sementeira, monda e colheita, especialmente úteis para culturas de mão de obra intensiva.
➢ Estufas inteligentes: Ambientes controlados com sistemas automatizados de gestão climática para cultivo durante todo o ano.

10. **Inteligência Artificial (IA) e Aprendizagem Automática**

➢ Modelos de previsão de rendimento: Ferramentas baseadas em IA para prever o rendimento das culturas e otimizar o planeamento agrícola.
➢ Deteção de pragas e doenças: Análise de imagens com recurso a IA para identificar precocemente problemas nas culturas.

Cada uma destas tecnologias pode ajudar os agricultores a enfrentar desafios específicos, desde a conservação dos recursos até à resistência às alterações climáticas, aumentando a produtividade e a sustentabilidade da agricultura.

Sistema de geração de tecnologia

O Sistema de Geração de Tecnologia na agricultura refere-se aos processos e mecanismos envolvidos no desenvolvimento, teste e validação de novas tecnologias agrícolas. Este sistema envolve normalmente várias fases, incluindo investigação, experimentação, ensaios-piloto e divulgação de práticas, ferramentas ou técnicas inovadoras destinadas a melhorar a produtividade, a sustentabilidade e a resiliência agrícolas.

Principais componentes do sistema de geração de tecnologia Investigação e desenvolvimento (I&D):

- Envolve investigação básica e aplicada conduzida por cientistas agrícolas, universidades, instituições de investigação e empresas do sector privado.
- Centra-se no desenvolvimento de novas variedades de culturas, plantas resistentes a pragas, métodos agrícolas melhorados e práticas agrícolas sustentáveis.

Estações experimentais e projectos-piloto

- As novas tecnologias são testadas em ambientes controlados, como estações de investigação agrícola ou explorações experimentais, para avaliar a sua eficácia e adaptabilidade.
- Podem também ser realizados projectos-piloto com um grupo selecionado de agricultores para testar a tecnologia em condições reais.

Colaboração e parcerias

- Colaboração entre entidades dos sectores público e privado, incluindo agricultores, ONG, serviços de extensão e organizações internacionais.
- As parcerias são cruciais para reunir recursos, partilhar conhecimentos e expandir as tecnologias de sucesso.

Investigação participativa dos agricultores

- Os agricultores estão ativamente envolvidos no processo de investigação, fornecendo feedback e ideias sobre o carácter prático e a utilidade das novas tecnologias.
- As abordagens participativas garantem que as tecnologias desenvolvidas são relevantes e satisfazem as necessidades específicas dos agricultores.

Serviços de extensão e aconselhamento

- Os serviços de extensão desempenham um papel fundamental na transferência de novas tecnologias das instituições de investigação para os agricultores.
- Estes serviços incluem formação, demonstrações e prestação de aconselhamento técnico para ajudar os agricultores a adotar novas tecnologias.

Controlo e avaliação

- Monitorização e avaliação contínuas das novas tecnologias para avaliar o seu impacto no rendimento das culturas, na rentabilidade e na sustentabilidade.
- O feedback do terreno é utilizado para aperfeiçoar e melhorar as tecnologias antes de uma divulgação mais alargada.

Apoio à política

• Políticas e regulamentos governamentais que apoiam a investigação e o desenvolvimento, os direitos de propriedade intelectual e a adoção de novas tecnologias.
• As políticas podem incluir subsídios, incentivos e financiamento de serviços de investigação e extensão.

Importância do sistema de geração de tecnologia

• **Aumento da produtividade agrícola:** Ao gerar e divulgar novas tecnologias, este sistema ajuda a aumentar o rendimento das culturas e a reduzir as perdas devidas a pragas, doenças e condições climatéricas adversas.
• **Promoção da sustentabilidade:** Centra-se no desenvolvimento de tecnologias que minimizem o impacto ambiental, conservem os recursos e promovam práticas agrícolas sustentáveis.
• **Apoio ao crescimento económico:** A melhoria da produtividade agrícola leva a um aumento do rendimento dos agricultores, contribuindo para o desenvolvimento rural e o crescimento económico.
• **Adaptação às alterações climáticas:** As tecnologias geradas através deste sistema podem ajudar os agricultores a adaptarem-se às condições climáticas em mudança, garantindo a segurança alimentar.

O sucesso do Sistema de Geração de Tecnologia na agricultura depende da colaboração efectiva entre instituições de investigação, serviços de extensão, decisores políticos e agricultores.

Ciclo de vida da tecnologia

O Ciclo de Vida Tecnológico (CVT) refere-se às fases que uma tecnologia atravessa desde o seu desenvolvimento inicial até ao seu eventual declínio e substituição por tecnologias mais recentes. Compreender o ciclo de vida da tecnologia é importante para gerir a inovação, o investimento e a adoção de novas tecnologias.

Fases do ciclo de vida da tecnologia Fase de inovação/desenvolvimento

• Investigação e Desenvolvimento (I&D): Esta fase envolve a concetualização, a conceção e o desenvolvimento de uma nova tecnologia. É impulsionada por esforços de I&D, muitas vezes em universidades, instituições de investigação ou empresas privadas.
• Prototipagem e testes: São criados os primeiros protótipos e são efectuados testes exaustivos para aperfeiçoar a tecnologia e garantir que cumpre as normas de desempenho, segurança e facilidade de utilização.

Fase de introdução

• Entrada no mercado: A tecnologia é introduzida no mercado. Nesta fase, muitas vezes não é amplamente conhecida ou adoptada, e os custos iniciais podem ser elevados.

• Adoção precoce: Os primeiros a adotar a tecnologia começam a utilizá-la, muitas vezes utilizadores com conhecimentos técnicos ou inovadores. Os esforços de marketing são essenciais para educar os potenciais utilizadores e demonstrar os benefícios da tecnologia.

• Desafios: A tecnologia pode enfrentar desafios como a distribuição limitada, a falta de sensibilização dos consumidores ou a resistência à mudança.

Fase de crescimento

• Aumento da adoção: À medida que a consciencialização aumenta, mais utilizadores começam a adotar a tecnologia. As vendas e a utilização aumentam rapidamente durante esta fase.

• Expansão do mercado: A tecnologia torna-se mais amplamente disponível e as economias de escala começam a reduzir os custos. Os concorrentes podem também entrar no mercado com tecnologias semelhantes ou melhoradas.

• Crescimento das receitas: Normalmente, as empresas registam um aumento significativo das receitas à medida que a tecnologia ganha força.

Fase de maturidade

• Adoção generalizada: A tecnologia torna-se padrão no seu mercado, com uma elevada taxa de penetração entre os utilizadores-alvo. As taxas de crescimento começam a estabilizar.

• Saturação do mercado: A tecnologia atinge o seu pico em termos de quota de mercado e de base de utilizadores. Nesta altura, a maioria dos potenciais utilizadores já adoptou a tecnologia.

• Rentabilidade: As empresas concentram-se em manter a quota de mercado e a rentabilidade, muitas vezes através de melhorias incrementais, reduções de custos ou serviços de valor acrescentado.

Fase de declínio

• Diminuição da procura: Surgem novas tecnologias ou inovações que conduzem a uma diminuição da procura da tecnologia mais antiga.

• Obsolescência: A tecnologia torna-se obsoleta e os utilizadores começam a mudar para alternativas mais avançadas ou eficientes.

• Saída do mercado: As empresas podem abandonar progressivamente a produção ou o apoio à tecnologia e esta desaparece gradualmente do mercado.

Fase de substituição

- Transição para novas tecnologias: A tecnologia é substituída por novas inovações que oferecem melhor desempenho, eficiência ou relação custo-eficácia.
- Sistemas antigos: Nalguns casos, a tecnologia antiga pode continuar a ser utilizada em aplicações específicas ou por utilizadores resistentes à mudança, mas já não é a principal.

Compreender o ciclo de vida da tecnologia é crucial para os intervenientes agrícolas, uma vez que ajuda a planear a investigação, o desenvolvimento, o investimento e a eventual substituição de tecnologias ultrapassadas.

Referências

Organização das Nações Unidas para a Alimentação e a Agricultura (FAO). (2017). O futuro da alimentação e da agricultura: Tendências e desafios. Roma: FAO. Recuperado de http://www.fao.org/3/i6583e/i6583e.pdf

Godfray, H. C. J., & Garnett, T. (2014). Segurança alimentar e intensificação sustentável. Philosophical Transactions of the Royal Society B: Biological Sciences, 369(1639), 20120273. https://doi.org/10.1098/rstb.2012.0273.

Paroda, R. S. (2018). Reorientação da investigação agrícola para uma gestão agrícola eficiente. Nova Deli: Conselho Indiano de Investigação Agrícola. Recuperado de https://icar.org.in/reports/reorienting-agricultural-research.pdf

Rogers, E. M. (2003). Diffusion of Innovations (5ª ed.). Nova Iorque, NY: Free Press.

Zhang, Q., Wang, C., & Chen, X. (2019). Adoção de tecnologias de agricultura de precisão nos países em desenvolvimento: Um estudo de caso da China. Agricultural Systems, 173, 39-47. https://doi.org/10.1016/j.agsy.2019.02.009

3. TRANSFERÊNCIA DE TECNOLOGIA

Transferência de tecnologia

A transferência de tecnologia refere-se ao processo de transferência de tecnologias, conhecimentos ou competências de uma organização ou sector para outro, normalmente de instituições de investigação (como universidades ou laboratórios governamentais) para a indústria ou de um país ou região para outro.

A transferência de tecnologia (TT) é o processo de transferência de

- Tecnologias
- Competências
- Conhecimento
- Métodos de fabrico
- Amostras de fabrico (protótipo, demonstrador, produtos de amostra)
- Instalações

Componentes da transferência de tecnologia

Uma das funções básicas da extensão é apoiar a transferência de tecnologia agrícola, assegurando que a comunidade agrícola disponha de uma quantidade adequada de conhecimentos de elevada qualidade sobre a mesma. Ajudar os agricultores a adquirir estes conhecimentos implica uma atividade que deve ser posta em prática. Dependendo de quem toma esta iniciativa, existem três abordagens para o trabalho de extensão.

Consultoria: Esta abordagem consiste em prestar aconselhamento mediante pedido. A iniciativa é dos agricultores, que recorrem à extensão para um objetivo que eles próprios determinam.

Promocional: Neste caso, a iniciativa cabe à agência de extensão. Podem ser tidas em conta as opiniões dos agricultores, mas as decisões sobre o que fazer e como fazê-lo são tomadas pela agência.

Participativa: Esta abordagem é uma parceria entre os agricultores e a agência de extensão e a iniciativa é partilhada entre eles. Em conjunto, decidem que tecnologia é importante. Que informação é necessária e como deve ser fornecida.

Abordagens à transferência de tecnologias

1. Acordos de licenciamento: Trata-se de transferir os direitos de utilização de uma tecnologia em troca de um pagamento, normalmente sob a forma de taxas de licenciamento ou royalties. Os acordos de licenciamento especificam os termos e condições.

2. **Criação de start-ups**: As instituições de investigação ajudam a lançar novas empresas para desenvolver tecnologias.
3. **Joint Ventures:** Colaboração entre organizações para desenvolver e comercializar uma tecnologia em conjunto.
4. **Colaborações de investigação:** Parcerias entre instituições de investigação e empresas para melhorar e testar tecnologias.
5. **Incubadoras/Aceleradoras tecnológicas:** Programas que apoiam empresas em fase inicial no desenvolvimento e venda das suas tecnologias.
6. **Vitrinas e conferências tecnológicas:** Eventos em que as instituições de investigação apresentam as suas tecnologias para atrair parceiros e investidores.
7. **Plataformas de inovação aberta:** Plataformas em linha que facilitam a colaboração e a partilha de ideias e tecnologias.
8. **Serviços de consultoria:** Empresas especializadas que oferecem apoio nos processos de transferência de tecnologia.
9. **Financiamento e subvenções governamentais:** Apoio financeiro de agências governamentais para desenvolver e transferir tecnologias.

Cada abordagem tem os seus benefícios e desafios, e a escolha depende da natureza da tecnologia e dos objectivos das partes envolvidas. Em última análise, o objetivo é colocar no mercado tecnologias inovadoras para benefício da sociedade.

Processo de transferência de tecnologia

Identificação de tecnologias promissoras: As instituições de investigação, tais como universidades ou laboratórios governamentais, identificam tecnologias ou inovações com potenciais aplicações comerciais. Pode tratar-se de qualquer coisa, desde uma nova molécula de medicamento a um processo de fabrico mais eficiente.

Proteção da propriedade intelectual (PI): Assim que uma tecnologia promissora é identificada, são tomadas medidas para proteger a sua propriedade intelectual através de patentes, direitos de autor ou outros meios legais. Isto assegura que os direitos sobre a tecnologia estão garantidos e podem ser transferidos para outros.

Busca de Parcerias ou Licenciados: A instituição responsável pela tecnologia procura parcerias ou licenciados que estejam interessados em continuar a desenvolver e comercializar a tecnologia. Isto pode envolver o contacto com empresas existentes, empresários ou empresas em fase de arranque que tenham a experiência e os recursos necessários para colocar a tecnologia no mercado.

Negociação de acordos: As partes envolvidas negoceiam acordos que definem os termos da transferência de tecnologia. Isto inclui pormenores como taxas de licenciamento, royalties, direitos de propriedade intelectual e quaisquer outros termos e condições relevantes.

Transferência de conhecimentos e recursos: Uma vez alcançado um acordo, o processo de transferência de tecnologia envolve a transferência dos conhecimentos, recursos e direitos necessários para o licenciado ou parceiro. Isto pode envolver o fornecimento de acesso a dados de investigação, protótipos ou conhecimentos técnicos.

Desenvolvimento e comercialização: O licenciado ou parceiro assume então a responsabilidade de continuar a desenvolver a tecnologia e colocá-la no mercado. Isto pode envolver a realização de investigação e desenvolvimento adicionais, a obtenção de aprovações regulamentares, o aumento da produção e o lançamento de esforços de marketing e vendas.

Acompanhamento e apoio: Ao longo do processo de transferência de tecnologia, a instituição responsável pela tecnologia pode fornecer apoio e orientação contínuos ao licenciado ou parceiro. Isto pode incluir assistência técnica, acesso a recursos adicionais e monitorização do progresso dos esforços de comercialização.

Avaliação e feedback: Depois de a tecnologia ter sido transferida e comercializada, são efectuadas avaliações periódicas para avaliar o seu sucesso e impacto. O feedback dos clientes, o desempenho do mercado e outras métricas são utilizados para informar futuros esforços de transferência de tecnologia e melhorar o processo.

Globalmente, o processo de transferência de tecnologia é um esforço de colaboração entre instituições de investigação, parceiros industriais e outras partes interessadas, a fim de garantir que as tecnologias inovadoras sejam efetivamente desenvolvidas e colocadas no mercado para benefício da sociedade.

Modelo de processo de transferência de tecnologia

O processo do Modelo de Transferência de Tecnologia inclui - Investigação, Divulgação, Desenvolvimento e Comercialização.

Investigação

- Investigação fundamental e aplicada: A fase inicial em que são criados novos conhecimentos e tecnologias. A investigação básica procura compreender os princípios fundamentais, enquanto a investigação aplicada se centra no desenvolvimento de aplicações práticas.

- Financiamento e colaboração: A investigação envolve frequentemente a colaboração entre o meio académico, o governo e a indústria, com financiamento de várias fontes, incluindo subvenções governamentais, investimentos do sector privado e capital de risco.

Divulgação

- Divulgação da invenção: Os investigadores e inventores divulgam formalmente as suas invenções ao gabinete de transferência de tecnologia (TTO) da sua instituição ou a um organismo equivalente. Este passo é crucial para identificar tecnologias potencialmente comercializáveis e iniciar o processo de proteção da PI.

- Análise e avaliação: A invenção divulgada é avaliada quanto ao seu potencial comercial, incluindo a procura do mercado, o panorama competitivo e as potenciais aplicações.

Desenvolvimento

• Desenvolvimento de protótipos: Criação de um modelo de trabalho ou protótipo da tecnologia para demonstrar a sua viabilidade e aperfeiçoar a sua conceção.

• Validação e testes: Realização de testes para validar o desempenho, a segurança e a fiabilidade da tecnologia. Esta fase pode envolver ensaios clínicos, testes de campo ou projectos-piloto, dependendo da natureza da tecnologia.

• Proteção da PI: Assegurar patentes ou outras formas de proteção da propriedade intelectual para salvaguardar a inovação e proporcionar uma vantagem competitiva.

Comercialização

• Análise e estratégia de mercado: Realização de pesquisas de mercado detalhadas para identificar mercados-alvo, clientes potenciais e concorrentes. Desenvolvimento de uma estratégia de comercialização que inclua preços, distribuição e planos de marketing.

• Licenciamento e parcerias: Licenciar a tecnologia a uma empresa estabelecida ou formar parcerias estratégicas para colocar o produto no mercado.

• Lançamento do produto: Introduzir o produto no mercado através de um lançamento cuidadosamente planeado, apoiado por esforços de marketing e vendas.

• Dimensionamento e crescimento: Expandir a produção, a distribuição e os esforços de vendas para expandir o negócio e conquistar uma maior quota de mercado.

Níveis de transferência de tecnologia Nível I

As SAU foram criadas na Índia segundo o modelo das Land Grant Universities dos EUA, com funções integradas de ensino, investigação e extensão. Espera-se que cada SAU desempenhe algumas funções de extensão na área sob a sua jurisdição.

•Realizar projectos de investigação adaptativa e operacional com vista a testar a aplicabilidade das descobertas em diferentes condições pedológicas, agro-climáticas e sócio-económicas nas diferentes partes da realidade na geração de tecnologias agrícolas específicas do local e baseadas nas necessidades.

• Recolher, processar e divulgar os resultados mais recentes da investigação junto do pessoal de extensão e da clientela da extensão através de métodos e meios de comunicação adequados, estabelecendo uma boa ligação com os departamentos estatais da agricultura e outros departamentos competentes em matéria de desenvolvimento agrícola.

Nível -II

As tecnologias IFS específicas para as necessidades locais devem ser transmitidas pelos departamentos competentes, de forma coordenada, às ONG e aos SHG que operam numa determinada zona a vários níveis. O principal papel a desempenhar pelos departamentos estatais no contexto do TOT consiste em sensibilizar, consciencializar, transmitir conhecimentos e competências aos agricultores, às mulheres agricultoras e aos jovens sobre as inovações agrícolas específicas de cada região, através de processos de aprendizagem participativos, tais como brainstorming, workshops, seminários, discussões de grupo, reuniões e programas de formação periódicos para as ONG e os grupos de interesse específico de uma determinada localidade.

Nível - III

Mantendo os pontos fortes e fracos das organizações governamentais em perspetiva, as ONGs não estão de forma alguma a competir com os departamentos governamentais, pelo contrário, as ONGs irão complementar as agências governamentais de muitas maneiras. Os SHGs devem ser formados para vários produtos e empresas. As tecnologias divulgadas pelos departamentos estatais serão posteriormente transmitidas aos trabalhadores no terreno e a outros membros do grupo pelas ONG e pelos GAA, respetivamente. Espera-se que estes difundam as tecnologias IFS adequadas aos grupos beneficiários e a outros membros da comunidade, quer numa fase, quer em duas fases, no caso dos SHG e das ONG, respetivamente.

As vantagens de envolver e utilizar as ONGs no processo TOT, devido às suas caraterísticas únicas, são as seguintes

1. Cobertura de uma área geográfica limitada.
2. Pessoal dedicado no terreno.
3. Relação próxima e amigável com os clientes.
4. Maior nível de credibilidade.
5. Abordagem intensiva.
6. Infra-estruturas adequadas.
7. Controlo e supervisão eficazes
8. Prestar apoio físico.
9. Prestar apoio financeiro.
10. Alargar o apoio tecnológico.
11. Trabalhar através de líderes identificados.
12. Ajudar as organizações agrícolas.
13. Acompanhamento eficaz.
14. Esforços e abordagens pluridimensionais.
15. Disponibilidade de recursos adequados.

A vantagem de formar SHGs para efeitos de TOT na agricultura deve-se aos seguintes factos

1. Organização da população local.
2. Cliques de consistência.
3. Actividades transparentes.
4. Ajudar a desenvolver os líderes locais.
5. Exemplo permanente de sucesso.
6. Respeitado pelos outros.
7. Seguir o modo participativo.
8. Ligação efectiva com o pessoal de desenvolvimento.
9. Servir de modelo para os outros seguirem.
10. Comunicação eficaz do tipo uva-vinha.
11. Uma fonte de informação fiável.

Referências

Rogers, E. M. (2003). Diffusion of Innovations (5ª ed.). Free Press.

Bozeman, B. (2000). Technology Transfer and Public Policy: A Review of Research and Theory. Research Policy, 29(4-5), 627-655.

Singh, K., & Kumar, B. (2004). Agricultural Extension: Worldwide Innovations. Concept Publishing Company.

Clark, N., & Juma, C. (1991). Long-Run Economics: An Evolutionary Approach to Economic Growth. Pinter Publishers.

Kaimowitz, D. (1990). Making the Link: Agricultural Research and Technology Transfer in Developing Countries. Westview Press.

4. COMERCIALIZAÇÃO DE TECNOLOGIA

O processo de comercialização de tecnologia 1: Investigação
Qualquer uma das actividades após a geração da ideia requer investigação. Estas podem ser efectuadas através de observações e experiências, que podem conduzir a novas dimensões da ideia, à descoberta de coisas novas e à inovação que pode ser muito significativa para uma maior proporção de pessoas para transformar o protótipo em produto comercial. Baseia-se na recolha de dados anteriores, na compreensão da literatura do respetivo domínio e na contribuição significativa dos investigadores entusiastas. Se o investigador tiver encontrado novas ideias durante a investigação, estas devem ser divulgadas.

2: Divulgação

Neste processo, o investigador deve revelar os factos relativos à novidade da inovação, ao financiamento, às fases de desenvolvimento, ao envolvimento de terceiros, se for caso disso, à divulgação pública, se for caso disso, e aos dados dos inventores. A aprovação pode ser feita após uma discussão pormenorizada entre o comité de revisão.

3: Avaliação/avaliação inicial

Após a aceitação prévia pelo comité de revisão, pode realizar-se uma avaliação inicial da natureza da inovação para analisar o mercado e a vantagem competitiva para procurar a potencialidade de comercialização. Neste contexto, a equipa efectua uma série de pesquisas de patentes ou marcas comerciais em conflito, se aplicável. Este processo pode orientar o inovador como uma estratégia para a melhor proteção da inovação. Isto confirma a necessidade de obter uma licença para a inovação ou de criar um novo produto. Este processo envolve mais actividades, tais como a pesquisa de patentes para verificar a originalidade da invenção, um relatório de mercado pormenorizado, a identificação de empresas ou produtos existentes, detalhes de financiamento para o desenvolvimento técnico, política de licenciamento e avaliação pormenorizada da oportunidade comercial

4: Proteção

A proteção é o elemento mais importante no processo de comercialização, pois protege os direitos do inovador contra a utilização indevida. Trata-se de uma medida estratégica que consiste em registar a ideia sob qualquer uma das formas, tais como patentes para proteger a invenção; direitos de conceção para proteger a forma e o formato de um desenho único; marcas comerciais para proteger a identidade da marca de um produto ou serviço; direitos de autor para proteger obras de autor inovadoras, incluindo obras literárias, dramáticas, musicais e artísticas; e conhecimentos técnicos para proteger segredos comerciais.

5: Avaliação pormenorizada e comercialização

Esta é a fase em que o processo de avaliação pode ser necessário para desenvolver e quantificar a oportunidade. Nesta fase, o inovador tem duas oportunidades, ou seja, criar a sua própria empresa e licenciar a inovação ou obter uma licença de terceiros. De entre as duas oportunidades, a primeira é a melhor e pode criar as maiores oportunidades. Para tal, o inovador pode desenvolver algumas qualidades, como a assunção de riscos, a medição do retorno do investimento, a potencialidade de fabricar vários produtos com a mesma tecnologia, a dimensão do mercado-alvo, a vantagem competitiva, o fator de crescimento e a experiência na gestão de empresas. A oportunidade posterior de obter uma licença de terceiros pode envolver a identificação de fontes abertas ou de bens comuns criativos na rede em desenvolvimento como uma fonte valiosa. Os licenciados externos referem-se muitas vezes a este facto como "desarriscar" a oportunidade. O objetivo é demonstrar o nível de preparação da tecnologia, o que dá confiança suficiente a um possível licenciado para investir na comercialização da tecnologia.

6: Licenciamento

Trata-se de um contrato formal entre o inovador e a outra parte. O inovador ou proprietário concede autorização a terceiros para utilizar essa propriedade intelectual durante um período específico e com um objetivo especificado. A este respeito, os factores a considerar são demonstrar o licenciado identificado mais adequado; a construção da relação com o licenciado; a devida diligência; o plano de comercialização deve ser fornecido; organizar uma declaração clara de todos os recursos em apoio da oportunidade; os termos e condições devem ser discutidos de forma clara e clara sobre os direitos de propriedade intelectual licenciados; etc.

7: Plano de negócios

Um plano de negócios deve ser preparado e fornecido com os seguintes detalhes: deve fornecer os detalhes dos produtos e serviços; pesquisa de mercado; informações de mercado; plano de desenvolvimento técnico; análise dos concorrentes; estratégia de vendas e marketing; operações; logística; plano de gestão de negócios; funções e responsabilidades dos funcionários; e plano financeiro.

8: Comercialização

Após um acordo de licença, o licenciado deve continuar a fazer progressos na inovação e efetuar outros investimentos comerciais para desenvolver o produto ou serviço. Isto pode incluir desenvolvimento adicional, obtenção de aprovações regulamentares, apoio às vendas e ao marketing, formação e outras actividades. A comercialização não depende apenas das próprias acções, mas pode ter em conta o momento e a situação do mercado. Exige uma cooperação perfeita entre áreas funcionais como as vendas, o marketing, a produção, as aquisições e as finanças, o que não pode esperar até que o projeto de investigação esteja na sua fase final.

Permite que os clientes tenham uma escolha mais alargada de produtos e que as empresas gerem mais receitas, aumentem a eficiência e reduzam os custos. Trata-se de um processo crítico, uma vez que implica a tomada de decisões estratégicas e tácticas.

DESAFIOS E OPORTUNIDADES DA COMERCIALIZAÇÃO DE TECNOLOGIAS

Reforçar o processo de comercialização

- Transparência no processo
- A duração da aquisição de direitos e a fase do processo não devem ser demoradas
- Comercializam duas a três vezes mais novos produtos e processos do que os seus concorrentes de dimensão comparável.
- Incorporar duas a três vezes mais tecnologias.
- Colocar produtos no mercado em menos de metade do tempo
- Competir no dobro dos mercados geográficos e de produtos.

Desafios do ambiente empresarial

- As infra-estruturas empresariais disponíveis ou adequadas devem ser excedentárias
- Elevado potencial de mercado
- Parceiros comerciais suficientes
- Modelo sistemático, tempo e materiais adequados para obter fundos de capital próprio
- Um saber-fazer suficiente facilita o planeamento e a gestão de um processo de comercialização
- Actividades de pré-planeamento eficazes
- Melhor utilização dos recursos,
- Formação interna do pessoal-chave Estrutura organizacional sólida
- Maior concentração nas necessidades e problemas da empresa.
- A hierarquia deve estar de acordo com a finalidade, os objectivos e as metas da empresa.
- Desenvolver os valores fundamentais que já estão a funcionar.
- A força de trabalho deve ser alavancada em termos de talento.
- Construir a propriedade e a responsabilidade a todos os níveis da organização.
- Criar limites abertos para que os empregados possam prosperar.
- Criar confiança entre todas as partes interessadas.
- Encontrou um quadro competitivo forte para atingir os seus objectivos.

• Concentrar-se nos recursos e no orçamento da empresa para evitar perdas financeiras

• Reforçar a comunicação entre os diferentes serviços.

• Executar planos eficazes a longo prazo para desenvolver novos produtos ou serviços, criar novos canais de fornecimento, etc.
• Desenvolver a reputação da marca.

Eficiência na gestão de projectos

• A equipa do projeto acredita firmemente que a situação atual é de I&D.

• As decisões tomadas devem ser totalmente transparentes para uma equipa de projeto, portanto compreensíveis e, consequentemente, frequentemente implementadas.
• Definir os objectivos com antecedência e mantê-los adaptáveis

• Compreender o âmbito do projeto

• Melhorar a comunicação com as partes interessadas. Reinvestir as receitas

• Aprender a gerir os riscos do projeto

• Utilizar um plano de trabalho

Cooperação efectiva com os sectores não governamentais

• Otimizar a produção de uma forma sustentável.

• Envolver-se com os mercados e beneficiar deles.

• Viver em comunidades em crescimento e bem governadas.

• Formação profissional eficaz

• Conglomerados sem fins lucrativos

• Lucro das empresas socialmente responsáveis

• Desenvolvimento social

• Desenvolvimento comunitário sustentável

• □ Desenvolvimento sustentável

• Consumo sustentável

Falta de colaboração com as partes interessadas e comportamentos políticos contraditórios

• Aperfeiçoar propositadamente os contactos úteis com um vasto leque de pessoas que ocupam uma variedade de posições
• Desenvolver uma rede de pessoas dentro ou fora da organização que possa ajudar

a atingir os objectivos organizacionais

- Procurar as ideias e preocupações dos membros da sua própria rede para benefício mútuo

- Construir e cultivar relações de trabalho com pessoas que possam ter um impacto direto no trabalho

Elementos da comercialização de tecnologia

1. Inovação e invenção: Este é o ponto de partida para o desenvolvimento de uma nova tecnologia ou ideia. Pode ser o resultado de esforços de investigação e desenvolvimento (I&D).

2. Proteção da propriedade intelectual (PI): Garantir os direitos de PI (patentes, marcas registadas, direitos de autor) é crucial para proteger a inovação de ser copiada ou explorada por outros.

3. Pesquisa de mercado e análise de viabilidade: Compreender a procura do mercado, a concorrência e os potenciais clientes é essencial para avaliar a viabilidade da tecnologia.

4. Prototipagem e desenvolvimento de produtos: Desenvolvimento de um protótipo ou aperfeiçoamento da tecnologia num produto que pode ser testado e desenvolvido.

5. Financiamento e investimento: Garantir recursos financeiros para apoiar o processo de desenvolvimento e comercialização. Estes recursos podem vir de capital de risco, investidores anjos, subsídios governamentais ou fundos internos da empresa.

6. Desenvolvimento e estratégia de negócios: Desenvolvimento de um modelo de negócio e de uma estratégia de comercialização, incluindo preços, canais de distribuição e planos de entrada no mercado.

7. Conformidade regulamentar: Garantir que o produto cumpre todos os requisitos regulamentares e normas do sector.

8. Marketing e vendas: Promover a tecnologia junto de potenciais clientes e gerar vendas através de várias estratégias de marketing e vendas.

9. Acordos de licenciamento e parceria: Estabelecimento de parcerias, joint ventures ou acordos de licenciamento para expandir o alcance do mercado ou aproveitar os pontos fortes de outras empresas.

10. Dimensionamento e fabrico: Passar da produção em pequena escala para o fabrico em grande escala para satisfazer a procura do mercado.

11. Suporte pós-comercialização: Oferecer apoio ao cliente, actualizações e melhorias para manter a relevância do produto e a satisfação do cliente.

Modelos de comercialização de tecnologia

1. Modelo Linear

• Descrição: Uma abordagem tradicional e sequencial em que o processo de comercialização segue uma progressão passo a passo desde a investigação básica até à introdução no mercado. Cada fase (investigação, desenvolvimento e comercialização) ocorre de forma linear, uma após a outra.

• Vantagens: Simples e direto, com fases claras.

• Limitações: Pode ser demasiado rígido, com pouca flexibilidade para iteração ou ciclos de feedback.

2. Modelo Stage-Gate

• Descrição: O processo de comercialização está dividido em fases, sendo cada fase separada por um "portão". Em cada porta, são tomadas decisões para continuar, modificar ou parar o projeto com base em critérios específicos.

• Vantagens: Permite uma avaliação sistemática e a gestão dos riscos em cada fase.

• Limitações: Pode ser demorado e exigir recursos significativos para ser implementado de forma eficaz.

3. Modelo de inovação aberta

• Descrição: Este modelo envolve a colaboração com parceiros externos, tais como outras empresas, universidades ou clientes, para co-desenvolver e comercializar tecnologia. Encoraja a partilha de ideias e recursos para além das fronteiras organizacionais.

• Vantagens: Acesso a um leque mais vasto de ideias, conhecimentos e recursos; maior rapidez na colocação no mercado.

• Limitações: Preocupações com a propriedade intelectual (PI) e desafios de coordenação entre múltiplas partes interessadas.

4. Modelo de spin-off

• Descrição: É criada uma nova empresa (uma spin-off) para comercializar tecnologia, muitas vezes com origem numa instituição de investigação ou numa organização de maior dimensão. A empresa spin-off concentra-se exclusivamente no desenvolvimento e comercialização da nova tecnologia.

• Vantagens: Esforço concentrado na comercialização, potencial de crescimento rápido e gestão dedicada.

• Limitações: Risco elevado, uma vez que o sucesso do spin-off depende da comercialização de uma única tecnologia.

5. Modelo de licenciamento

• Descrição: A tecnologia é licenciada a outra empresa que possui os recursos e a experiência necessários para a colocar no mercado. O criador original recebe royalties ou taxas de licenciamento em troca.

• Vantagens: Menor risco para o criador original, uma vez que o licenciado assume as responsabilidades de comercialização.

• Limitações: Potencial perda de controlo sobre a tecnologia e dependência do sucesso do licenciado.

6. Modelo de colaboração

• Descrição: Envolve parcerias ou joint ventures entre organizações para comercializar tecnologia. Ambas as partes partilham recursos, riscos e recompensas.

• Vantagens: Risco partilhado, experiência e recursos combinados; comercialização potencialmente mais rápida.

• Limitações: Complexidade na gestão de parcerias, potenciais conflitos sobre propriedade intelectual e partilha de lucros.

7. Modelo de ecossistema

• Descrição: Este modelo centra-se na criação de um ecossistema de apoio em torno da tecnologia, envolvendo várias partes interessadas, como fornecedores, distribuidores, reguladores e clientes. O ecossistema facilita o processo de comercialização através da colaboração e da co-inovação.

• Vantagens: Abordagem holística que considera toda a cadeia de valor e o ambiente externo; forte rede de apoio.

• Limitações: Requer uma coordenação e um alinhamento significativos entre as diversas partes interessadas.

8. Modelo de difusão da inovação

• Descrição: Centra-se na adoção gradual da tecnologia pelo mercado ao longo do tempo, começando frequentemente com os primeiros utilizadores e estendendo-se à maioria. A estratégia de comercialização é adaptada às diferentes fases de adoção pelo mercado.

• Vantagens: Alinha os esforços de comercialização com a prontidão do mercado; pode criar uma dinâmica gradual.

• Limitações: Pode demorar mais tempo a conseguir uma adoção generalizada e a penetração no mercado.

Estes modelos podem ser adaptados e combinados em função da natureza da tecnologia, dos recursos disponíveis e do ambiente de mercado. Cada modelo tem os seus pontos fortes e fracos, e a escolha do modelo depende frequentemente das circunstâncias específicas que envolvem a tecnologia e o seu mercado potencial.

Sistemas e processos de comercialização de tecnologia

1. Gabinetes de Transferência de Tecnologia (TTOs): São unidades especializadas das universidades ou instituições de investigação que gerem a comercialização dos resultados da investigação, incluindo o registo de patentes e a concessão de licenças.

2. Incubadoras e aceleradoras: Prestam apoio a empresas em fase de arranque e a empresários nas fases iniciais da comercialização de tecnologia, oferecendo orientação, financiamento e oportunidades de estabelecimento de contactos.

3. Capital de risco empresarial: As grandes empresas investem em empresas em fase de arranque ou em novas tecnologias que se alinham com os seus objectivos estratégicos, fornecendo não só financiamento, mas também acesso ao mercado e conhecimentos especializados.

4. Níveis de preparação tecnológica (TRL): Um sistema utilizado para avaliar a maturidade de uma tecnologia. Vai desde a investigação básica (TRL 1) até à implantação comercial total (TRL 9).

5. Roteiro de comercialização: Um plano detalhado que descreve as etapas, o cronograma, os recursos e os riscos associados à introdução de uma tecnologia no mercado.

6. Processos de validação do cliente: Métodos como o Lean Startup ou o Customer Development são utilizados para testar hipóteses sobre a procura do mercado e aperfeiçoar o produto antes da comercialização à escala real.

Conclusão

O processo de comercialização de tecnologia é complexo e multifacetado, envolvendo vários elementos, modelos, sistemas e processos que garantem que uma nova tecnologia chega com sucesso ao mercado. Compreender e gerir estes componentes é crucial para transformar uma inovação num sucesso comercial.

Referências

Bozeman, B. (2000). Transferência de tecnologia e políticas públicas: A review of research and theory.
Research Policy, 29(4-5), 627-655. https://doi.org/10.1016/S0048-7333(99)00093-1.

Siegel, D. S., Waldman, D., & Link, A. N. (2003). Assessing the impact of organizational practices on the relative productivity of university technology transfer offices: An exploratory study. Research Policy, 32(1), 27-48.
https://doi.org/10.1016/S0048- 7333(01)00196-2.

Markman, G. D., Gianiodis, P. T., Phan, P. H., & Balkin, D. B. (2005). Innovation speed: Transferring university technology to market. Research Policy, 34(7), 1058-1075. https://doi.org/10.1016/j.respol.2005.05.007.

Schilling, M. A. (2013). Gestão estratégica da inovação tecnológica (4ª ed.). McGraw- Hill/Irwin.

Rogers, E. M., Takegami, S., & Yin, J. (2001). Lições aprendidas sobre transferência de tecnologia.
Technovation, 21(4), 253-261. https://doi.org/10.1016/S0166-4972(00)00039-0.

Thursby, J. G., & Thursby, M. C. (2002). Quem está a vender a torre de marfim? Sources of growth in university licensing. Management Science, 48(1), 90-104. https://doi.org/10.1287/mnsc.48.1.90.14271.

5. DIREITOS DE PROPRIEDADE INTELECTUAL (DPI)

Direitos de propriedade intelectual: Os DPI são os direitos concedidos às pessoas sobre a criação do seu espírito. Normalmente, conferem ao criador um direito exclusivo sobre a utilização da sua criação durante um determinado período de tempo.

Os Direitos de Propriedade Intelectual (DPI) são protecções legais concedidas a inventores e criadores, dando-lhes controlo sobre a utilização das suas invenções ou criações durante um período específico. Estes direitos ajudam a garantir que o criador ou inventor possa beneficiar do seu trabalho.

Necessidade de DPI

- Incentiva a inovação: A proteção jurídica das novas criações incentiva a afetação de recursos adicionais para novas inovações.
- Crescimento económico: A promoção e a proteção da propriedade intelectual estimulam o crescimento económico, criam novos empregos e indústrias e melhoram a qualidade e o gozo da vida.
- Salvaguardar os direitos dos criadores: Os DPI são necessários para salvaguardar os criadores e outros produtores dos seus produtos intelectuais, bens e serviços, concedendo-lhes certos direitos limitados no tempo para controlar a utilização dos produtos fabricados.
- Facilidade de fazer negócios: Promove a inovação e a criatividade e garante a facilidade de fazer negócios.
- Transferência de tecnologia: Facilita a transferência de tecnologia sob a forma de investimento direto estrangeiro, empresas comuns e concessão de licenças.

Funções dos direitos de propriedade intelectual

Os direitos de propriedade intelectual foram essencialmente reconhecidos e aceites em todo o mundo devido a algumas razões muito importantes.

- Incentivar as pessoas a criarem novos produtos.
- Reconhecer devidamente os criadores e inventores.
- Disponibilizar produtos genuínos e originais.
- A propriedade intelectual é um direito legal de um indivíduo concedido pelo governo por um período específico sobre a propriedade dos bens criados através do seu intelecto.
- É eficaz para o crescimento económico.

Tipos de propriedade intelectual (PI)

1. Patentes
2. Direitos de autor

3. Marcas registadas

4. Designs industriais

5. Segredos comerciais

6. Circuitos integrados

7. Indicações geográficas

1. Patentes

Uma patente concede a um inventor direitos exclusivos sobre a sua nova invenção, permitindo-lhe controlar a forma como esta é utilizada por terceiros. Em troca, o inventor deve divulgar publicamente a invenção através de um documento de patente, detalhando os seus aspectos técnicos. Na Índia, o Instituto Indiano de Patentes (IPO) trata dos pedidos e concessões de patentes, com escritórios em Calcutá, Deli, Mumbai e Chennai. As patentes existem em três tipos:

1. Patentes de utilidade: Abrangem processos, máquinas, manufacturas ou composições de matéria novos e úteis.

2. Patentes de desenho ou modelo: Protegem o design ornamental de um artigo de fabrico.

3. Patentes de plantas: Proteger variedades de plantas novas e distintas, exceto plantas propagadas por tubérculos ou plantas encontradas na natureza.

Mérito das patentes

- Direitos exclusivos: Os inventores ganham o direito exclusivo de fabricar, utilizar e vender a sua invenção, oferecendo vantagens competitivas e potencial para lucros mais elevados.

- Incentivo à inovação: As patentes incentivam o investimento em investigação e desenvolvimento.

- Divulgação pública: A partilha de pormenores técnicos através de patentes promove mais inovação.

Deméritos das patentes

- Custo: O registo de patentes pode ser dispendioso, sobretudo para as pequenas entidades.
- Demora muito tempo: O processo de candidatura pode ser moroso.
- Trolls de patentes: Algumas entidades utilizam indevidamente as patentes para efeitos de litígio, prejudicando a inovação.

2. Direitos de autor

Os direitos de autor protegem obras originais de autoria fixadas num meio tangível, tais como obras literárias, artísticas, musicais e outras obras criativas. Concede aos criadores direitos exclusivos de reprodução, distribuição, execução, exibição e criação de obras derivadas. A proteção dos direitos de autor surge automaticamente após a criação, mas o seu registo proporciona vantagens legais adicionais. Em geral, os direitos de autor duram a vida do autor mais 70 anos para obras criadas após 1 de janeiro de 1978.

Tipos de obras protegidas:

- Obras literárias: Livros, artigos, etc.
- Obras musicais: Canções, composições instrumentais.
- Obras dramáticas: Peças de teatro, guiões.
- Obras artísticas: Pinturas, esculturas.
- Obras audiovisuais: Filmes, vídeos.
- Obras de arquitetura: Edifícios e estruturas.

Os direitos exclusivos incluem:

- Reprodução
- Distribuição
- Desempenho
- Ecrã
- Obras derivadas

3. Marcas registadas

As marcas registadas são sinais, símbolos, logótipos ou nomes distintivos utilizados pelas empresas para identificar os seus produtos e serviços. Ajudam a estabelecer a identidade da marca e impedem que outros utilizem marcas semelhantes. As marcas podem ser registadas (oferecendo uma proteção mais forte) ou não registadas (protegidas pelo direito comum). A duração da proteção varia normalmente entre 10 e 15 anos, com a possibilidade de renovação.

4. Designs industriais

O desenho industrial refere-se ao aspeto ornamental ou estético de um produto, como a forma, a configuração ou o padrão, tornando-o visualmente apelativo. A proteção dos desenhos e modelos industriais é concedida através de um registo, que dura normalmente entre 10 e 25 anos, dependendo do país.

Benefícios:

- Exclusividade: Evita a cópia não autorizada de desenhos ou modelos.
- Vantagem competitiva: Aumenta a atração e a comercialização do produto.
- Geração de receitas: Os desenhos ou modelos registados podem ser licenciados ou vendidos.

Desvantagens:

- Proteção limitada: Abrange apenas as caraterísticas ornamentais e não os aspectos funcionais.
- Registo dispendioso: O processo pode ser dispendioso e moroso.

5. Indicações geográficas (IG)

As indicações geográficas identificam produtos originários de uma região específica, cuja qualidade, reputação ou outras caraterísticas estão estreitamente ligadas a essa origem. Exemplos disso são o queijo Roquefort e o champanhe. As IG protegem os conhecimentos tradicionais e promovem o património regional, assegurando que apenas os produtos genuinamente originários da área especificada possam utilizar a denominação.

6. Circuitos integrados

Os circuitos integrados (CI) são componentes electrónicos constituídos por dispositivos em miniatura interligados num substrato semicondutor. Na Índia, a Lei sobre a Conceção de Circuitos Integrados de Semicondutores, de 2000 (SICLDA) rege a proteção dos desenhos e modelos de circuitos integrados. O registo é válido por dez anos e pode ser renovado por mais dez anos.

7. Segredos comerciais

Os segredos comerciais incluem qualquer informação comercial confidencial que proporcione uma vantagem competitiva, como fórmulas, processos, projectos ou estratégias de marketing. Ao contrário das patentes, os segredos comerciais podem ser protegidos indefinidamente, desde que permaneçam confidenciais. As empresas utilizam várias salvaguardas, como acordos de confidencialidade e medidas de segurança, para proteger os segredos comerciais.

Validade dos direitos de propriedade intelectual

S.No	DPI	Proteção máxima	Renovação	Ato/Regulamento
1	Patente	20 anos	*Todos os anos (obrigatório)	Lei das Patentes, 1970 Alterada em 2005
2	Marca registada	Vida longa	Após 10 anos	Lei das Marcas, 1999 Alterada em 2010
3	Conceção	15 anos	Após 10 anos para os próximos 5 anos	Lei dos Desenhos e Modelos de 2000 e Regras dos Desenhos e Modelos (Alteração) de 2014
4	Direitos de autor	60 anos	Não é necessário	Lei dos Direitos de Autor, 1957 Alterada em 2012
5	Indicação Geográfica (IG)	Vida longa	Após 10 anos	Lei sobre as indicações geográficas dos produtos (registo e proteção), 1999

Administração dos direitos de propriedade intelectual na Índia

DPI	Administração
Patentes, desenhos e modelos, marcas registadas e indicações geográficas	Controlador Geral de Patentes, Desenhos e Marcas, sob o controlo do Dept. of Industrial Política e Promoção, Ministério do Comércio e da Indústria
Direitos de autor	Ministério do Desenvolvimento dos Recursos Humanos (DRH)
Conceção de circuitos integrados	Ministério das Telecomunicações e das Tecnologias da Informação
Variedades de plantas	Autoridade para a Proteção das Variedades Vegetais e dos Direitos dos Agricultores, Ministério da Agricultura

Benefícios da proteção dos DPI

- Incentiva e protege as criações intelectuais e artísticas.
- Permite a divulgação rápida e alargada de novas ideias e tecnologias, o que é conseguido através da exigência de divulgação para a concessão de patentes.
- A propriedade intelectual impulsiona o crescimento económico e a competitividade.
- Incentiva os investimentos no sector da I&D.
- Incentiva e recompensa os empresários.

• Transformar as ideias inovadoras em lucro.

• Para acelerar o crescimento da atividade.

• Melhorar as oportunidades de exportação para a empresa.

• Para garantir as ideias e criações únicas.

• A comercialização de bens e serviços comerciais pode ser melhorada. Garantir a disponibilidade de produtos originais.

Direitos de propriedade intelectual (DPI) na Índia

• 1856 - Foi introduzida a primeira Lei das Patentes na Índia, que permaneceu em vigor durante mais de 50 anos.
• 1911 - A Lei das Patentes e Desenhos Indianos de 1911 substituiu a anterior legislação sobre patentes e regulamentou tanto as patentes como os desenhos e modelos.
• 1957 - A Lei dos Direitos de Autor, de 1957, foi introduzida para regular os direitos de autor.

• 1958 - O Trade and Merchandise Marks Act, 1958 foi promulgado para reger as marcas registadas.
• 1970 - Após a independência, foi introduzida a Lei das Patentes de 1970, que regula a concessão e os direitos de patente.
• 1999 - A Lei das Marcas Comerciais de 1999 foi promulgada para reger o registo e a proteção das marcas, substituindo a anterior Lei das Marcas Comerciais e de Mercadorias.
• 1999 - A Lei das Indicações Geográficas de Mercadorias (Registo e Proteção), de 1999, foi introduzida para proteger as indicações geográficas.
• 2000 - A Lei dos Desenhos e Modelos de 2000 substituiu a anterior Lei dos Desenhos e Modelos de 1911.

• 2000 - O Semiconductor Integrated Circuits Layout-Design Act, 2000 foi introduzido para proteger os desenhos de layouts de circuitos integrados.

Evolução dos direitos de propriedade intelectual no estrangeiro

1. A invenção da imprensa e dos caracteres móveis por Johannes Gutenberg (Alemanha), por volta de 1450, contribuiu para a criação do primeiro sistema de direitos de autor do mundo.

2. Em 1485, surgiu o primeiro sistema de proteção da propriedade intelectual, sob a forma de uma lei veneziana histórica.

3. Em Inglaterra, em 1623, seguiu-se o Statue of Monopolies, que alargou os direitos de patentes para as invenções tecnológicas.

4. Em 1760, foram introduzidas leis de patentes nos Estados Unidos.

5. Convenção de Paris para a Proteção da Propriedade Industrial, em 1883, e a

Convenção de Berna (Suíça) para a Proteção das Obras Literárias e Artísticas, em 1886.

6. Entre 1880 e 1889, foram desenvolvidas as leis de patentes da maioria dos países europeus.

Proteção das inovações

Há muitas formas de proteger a sua inovação. Centramo-nos aqui nos 2 principais métodos de proteção que são a "proteção jurídica" ou o facto de ser líder de mercado devido a uma "vantagem de ser o primeiro a chegar".

1. Proteção jurídica

Dependendo do tipo de inovação, poderá ser útil patentear a sua invenção para a rentabilizar e proteger de terceiros. Também é necessário compreender o custo da proteção de patentes. Embora o custo inicial possa não ser tão elevado, os custos legais para fazer cumprir eventuais infracções às patentes podem disparar e dificultar a obtenção de direitos por parte das empresas mais pequenas.

Também é importante compreender que nem tudo pode ser protegido e patenteado. Enquanto os produtos, processos e tecnologias são normalmente mais fáceis de proteger/patentear, é mais difícil/impossível proteger software ou modelos de negócio.

2. Vantagem de ser o primeiro a chegar

As empresas de software, em especial, utilizam a vantagem do pioneiro. Uma empresa que tenha um novo processo, um novo modelo de negócio ou um novo produto tenta obter a maior quota de mercado possível enquanto a concorrência ainda está a desenvolver a sua oferta. Este avanço dá ao pioneiro a vantagem de melhorar o produto de forma incremental. Desta forma, é possível conquistar uma quota de mercado e oferecer um melhor produto/serviço mais rapidamente do que os outros.

Sistemas de proteção dos recursos de propriedade intelectual Política nacional de DPI

O Departamento de Promoção da Indústria e do Comércio Interno (DPIIT) do Ministério do Comércio adoptou a Política Nacional de Direitos de Propriedade Intelectual (DPI) em 2016. O principal objetivo da política é "Índia Criativa; Índia Inovadora".

A política abrange todas as formas de PI, procura criar sinergias entre estas e outras agências e estabelece um mecanismo institucional para a sua aplicação e revisão.

Objectivos

Sensibilização para os DPI: A divulgação e a promoção são importantes para sensibilizar o público para os benefícios económicos, sociais e culturais dos DPI entre todos os sectores da sociedade.

Geração de DPIs: Estimular a geração de DPIs.

Quadro jurídico e legislativo: Dispor de legislação sólida e eficaz em matéria de DPI, que equilibre os interesses dos titulares de direitos com o interesse público em geral.

Administração e gestão: Modernizar e reforçar a administração dos DPI orientada para os serviços.

Comercialização de DPIs: Obter valor para os DPI através da comercialização.

Aplicação e adjudicação: Reforçar os mecanismos de aplicação e adjudicação para combater as infracções aos DPI.

Desenvolvimento do capital humano: Reforçar e expandir os recursos humanos, as instituições e as capacidades de ensino, formação, investigação e desenvolvimento de competências no domínio dos DPI.

Nacional: Lei da Patente Indiana de 1970:

Esta lei principal do sistema de patentes na Índia entrou em vigor em 1972. Substituiu a Lei das Patentes e dos Desenhos e Modelos da Índia de 1911. A lei foi alterada pela Lei das Patentes (Alteração) de 2005, em que a patente dos produtos foi alargada a todos os domínios da tecnologia, incluindo os alimentos, os medicamentos, os produtos químicos e os microrganismos.

Lei Nacional da Diversidade Biológica, 2002: Foi aprovada pelo Parlamento da Índia para proteger a biodiversidade e facilitar a gestão sustentável dos recursos biológicos com as comunidades locais. A lei foi promulgada para cumprir os requisitos estipulados pela Convenção das Nações Unidas sobre a Diversidade Biológica (CDB), da qual a Índia é parte.

O principal objetivo da lei é assegurar a conservação da diversidade biológica, a utilização sustentável dos seus componentes e a utilização justa dos seus recursos, a fim de evitar a sobreutilização ou a eventual destruição da biodiversidade.

As principais caraterísticas da Lei da Diversidade Biológica são as seguintes

- Regulamentação do acesso aos recursos biológicos do país
- Conservação e sustentabilidade da diversidade biológica
- Proteção dos conhecimentos das comunidades locais em matéria de biodiversidade
- Garantir a partilha dos benefícios com as populações locais enquanto conservadores dos recursos biológicos e detentores de conhecimentos e informações relativos à utilização dos recursos biológicos
- Proteção e reabilitação de espécies ameaçadas

• Envolvimento das instituições dos governos estaduais no esquema geral da aplicação da Lei da Diversidade Biológica através da criação de comités específicos.

As funções da Autoridade Nacional para a Biodiversidade são as seguintes

• Acompanhamento e prevenção de acções proibidas pela lei.

• Prestação de aconselhamento ao governo sobre a melhor forma de conservar a biodiversidade na Índia.

• Preparar um relatório sobre a forma como o governo pode selecionar sítios do património biológico.

• Tomar medidas concretas para impedir a concessão de direitos de propriedade intelectual sobre os recursos biológicos utilizados localmente ou sobre os conhecimentos tradicionais associados.

Proteção das Variedades Vegetais e dos Direitos dos Agricultores: Trata-se de uma lei ao abrigo da Lei sobre a Proteção das Variedades Vegetais e dos Direitos dos Agricultores (PPV&FR), de 2001.

• Reconhece as contribuições dos criadores de plantas comerciais e dos agricultores para a atividade de melhoramento vegetal.

• Visa igualmente aplicar o acordo TRIPS para apoiar os interesses socioeconómicos específicos de todas as partes interessadas, incluindo os sectores privado e público e as instituições de investigação, bem como os agricultores com recursos limitados.

Direitos disponíveis ao abrigo da Lei PPV&FR, 2001

1. **Direitos dos obtentores:** Terão direitos exclusivos de produzir, vender, comercializar, distribuir, importar ou exportar a variedade protegida. Podem nomear um agente/licenciado e podem recorrer a acções cíveis em caso de violação dos direitos.

2. **Direitos dos investigadores:** Um investigador pode utilizar qualquer das variedades registadas ao abrigo da lei para realizar uma experiência ou investigação. Isto inclui a utilização de uma variedade como fonte inicial de variedade para efeitos de desenvolvimento de outra variedade, mas a utilização repetida necessita da autorização prévia do obtentor registado.

3. **Direitos dos agricultores:** Um agricultor que tenha evcluído ou desenvolvido uma nova variedade tem direito a registo e proteção da mesma forma que um obtentor de uma variedade. A variedade do agricultor pode também ser registada como uma variedade existente. Os agricultores são elegíveis para reconhecimento e recompensas pela conservação dos recursos fitogenéticos de raças terrestres e parentes selvagens de plantas económicas;

• Podem guardar, utilizar, semear, ressemear, trocar, partilhar ou vender os seus produtos agrícolas, incluindo sementes protegidas ao abrigo da Lei PPV&FR de 2001;

• Podem obter uma indemnização por não execução da variedade ao abrigo da Secção 39

(2) da Lei de 2001;

- Não são obrigados a pagar qualquer taxa em qualquer processo perante a Autoridade, o Conservador, o Tribunal ou o Supremo Tribunal ao abrigo da Lei.

Objetivo da nova notificação

- Foi criado para proteger os direitos das comunidades agrícolas de Kerala sobre as variedades de plantas tradicionais.
- Qualquer pessoa/grupo ou qualquer organização governamental/não governamental pode pedir uma indemnização em nome dessas comunidades.
- Desvantagens:
- Prejudicial à cultura da liberdade de inovação e de investigação.
- Os investimentos privados passam para segundo plano se não forem incentivados.
- Os grandes actores estrangeiros não investem.
- Inibe a transferência de conhecimentos tecnológicos de ponta.

Caminho a seguir: A Lei PPV&FR, juntamente com outros regulamentos, ajuda a proteger os direitos dos agricultores indianos. No entanto, é necessária uma melhor consciencialização das disposições entre a comunidade agrícola. Isso evitará também a exploração por parte das empresas multinacionais de biotecnologia em nome das patentes.

Referências

Controlador Geral de Patentes, Desenhos e Modelos e Marcas. (2005). A Lei das Patentes, 1970 (Alterada em 2005). Retirado de https://ipindia.gov.in/patents.htm

Ministério do Comércio e da Indústria, Governo da Índia. (2016). Política Nacional de Direitos de Propriedade Intelectual, 2016. Obtido em https://dipp.gov.in/policies-rules-and- acts/policies/national-ipr-policy

Ministério da Eletrónica e das Tecnologias da Informação, Governo da Índia. (2000). Lei sobre a conceção de circuitos integrados de semicondutores, 2000. Obtido em https://www.meity.gov.in/writereaddata/files/sicl_act.pdf

Ministério do Desenvolvimento dos Recursos Humanos, Governo da Índia. (2012). Lei dos direitos de autor, 1957 (alterada em 2012). Recuperado de https://copyright.gov.in

Autoridade Nacional para a Biodiversidade, Governo da Índia. (2002). A Lei da Diversidade Biológica, 2002. Retirado de https://nbaindia.org/content/25/19/1/act.html

Autoridade para a Proteção das Variedades Vegetais e dos Direitos dos Agricultores. (2001). Lei de Proteção das Variedades Vegetais e dos Direitos dos Agricultores, 2001. Obtido em https://plantauthority.gov.in/

Organização Mundial da Propriedade Intelectual (OMPI). (n.d.). Compreender a propriedade intelectual. Obtido em https://www.wipo.int/about-ip/en/

6. SISTEMAS DE PROTECÇÃO E GESTÃO DA PI NA AGRICULTURA

Propriedades intelectuais geradas no ICAR

1. Propriedade exclusiva de PI

O ICAR será o único proprietário da propriedade intelectual gerada pelo trabalho de investigação realizado no ICAR nos seguintes casos

1. Utilizar os fundos recebidos da administração central (DARE) através do processo orçamental.
2. Utilização de fundos externos, públicos ou privados, nos casos em que o ICAR tenha sido atribuído como único proprietário por
a agência de financiamento ou quando não exista tal acordo prévio com a agência de financiamento,

Por exemplo, (i) Fundos recebidos de agências patrocinadoras ao abrigo de subvenções,

(ii) Fundos recebidos como doação/doação,

(iii) Fundos recebidos para bolsas de estudo, e

(iv) Fundos recebidos ao abrigo de acordos de financiamento bilaterais ou multilaterais.

2. Propriedade conjunta de PI

Investigação em colaboração: A PI gerada pelas instituições do ICAR no âmbito de projectos de investigação em colaboração será propriedade conjunta do ICAR e dos seus colaboradores/parceiros em termos mutuamente acordados.
Investigação pós-graduada: A PI gerada na investigação por investigadores pós-graduados do ICAR será, em princípio, propriedade conjunta em termos mutuamente acordados nos seguintes casos:

1. Se os termos e condições da bolsa da agência de financiamento externa assim o exigirem.
2. Se a investigação de pós-graduação for efectuada em mais do que uma instituição/laboratório dentro ou fora do ICAR.

Instalações de investigação partilhadas: Quando o ICAR partilha as suas instalações de investigação com outra parte, em conformidade com as orientações, mas não fornece qualquer contributo científico/técnico para a utilização dessas instalações, não pode solicitar uma participação na PI gerada. No entanto, nos casos em que a outra parte também recorre a contribuições científicas/técnicas do ICAR, a PI assim gerada será propriedade conjunta em termos mutuamente acordados.
Empreendedorismo de cientistas/académicos: Sempre que o ICAR autorizar um cientista/académico a desenvolver uma atividade de empreendedorismo científico,

quer para criar a sua própria empresa, quer para trabalhar com uma agência privada para aumentar a escala/empreendimento comercial com a PI por ele gerada no ICAR, as condições de utilização dessa PI serão claramente definidas no acordo entre o ICAR e o cientista/académico em causa.

Formas de PI geradas no ICAR

Os resultados da investigação obtidos no ICAR podem ser patenteáveis, passíveis de proteção sob qualquer outra forma de PI ou não passíveis de proteção ao abrigo da lei. Além disso, questões como o saber-fazer e os conhecimentos tradicionais podem ser importantes no contexto da PI.

1. PI patenteável: resultados de investigação em qualquer domínio da tecnologia, quer se trate de processos ou produtos,
que sejam novos, inventivos (não óbvios) e úteis (aplicáveis industrialmente), e que sejam patenteáveis ao abrigo da Lei das Patentes, constituem a PI patenteável do ICAR. Os seguintes resultados de investigação no ICAR, por exemplo, constituirão a PI patenteável:

- Várias formulações à base de microrganismos, como as de agentes de biocontrolo, biofertilizantes, catalisadores lácteos específicos, etc., e os processos para a sua utilização.
- Vários microrganismos geneticamente modificados para uma série de utilizações específicas, tais como biodegradadores, bioestimulantes, bioprotectores, etc., e os processos relacionados com a sua aplicação/utilização.
- Novos produtos lácteos e hortícolas, subprodutos, tais como enzimas, e processos para a sua produção e utilização.
- Agro-químicos à base de plantas, seus processos de purificação e teste e várias formulações.
- Kits de diagnóstico.
- Máquinas e utensílios agrícolas e equipamento de laboratório.
- Compostos de elevado valor provenientes de sistemas terrestres, aquáticos e vivos, como o rúmen dos animais, as cavidades internodais dos bambus, etc.
- Novos genes de sistemas microbianos e biológicos superiores; ferramentas de investigação em genética
- engenharia, tais como iniciadores de genes, construções e ferramentas de transferência de genes, como a pistola de genes, etc.
- Parte patenteável do saber-fazer, para a expansão dos resultados da investigação ou o fabrico de
- protótipos/produtos comerciais, etc.

2.Patentes de microorganismos. O ICAR solicitará patentes para microrganismos em conformidade com a Lei das Patentes. Em particular, não solicitará patentes para um microrganismo na mesma forma em que foi retirado do seu habitat natural.

3. **Proteção das variedades vegetais.** As variedades de culturas arvenses, hortícolas e agro-florestais do ICAR, incluindo as variedades novas, existentes, essencialmente derivadas (EDV) e as variedades vegetais transgénicas protegidas nos termos da lei PPV&FR/legislação de proteção das variedades vegetais (PVP) de outros países
constituem a sua PI suscetível de proteção. Estes incluem:

➢ Todas as variedades existentes do ICAR, ou seja, as variedades anteriormente notificadas ao abrigo da secção 5 da Lei das Sementes de 1966, que não tenham completado 15 anos a partir da data da sua notificação. A proteção destas variedades será assegurada o mais rapidamente possível, em conformidade com as regras PPV&FR.
➢ Novas variedades vegetais identificadas pelo seu valor (valor para cultivo e utilização) no ICAR, que preenchem os critérios essenciais de distinção, uniformidade e estabilidade ao abrigo da Lei PPV&FR.
➢ Variedades vegetais e plantas transgénicas do ICAR, protegidas de acordo com as leis PVP correspondentes de outros países, sob a forma de certificado PVP, patente vegetal, etc.

4. **As raças/ estirpes melhoradas de animais/ aves de capoeira/ peixes não podem ser protegidas:** As raças de animais/aves de capoeira, estirpes de peixes, etc., não podem ser protegidas na Índia como patentes ou proteção de variedades. No entanto, as raças/estirpes melhoradas desenvolvidas no ICAR constituem activos valiosos. A fim de evitar a sua utilização ou exploração indevidas, o seu registo e documentação devem ser efectuados no respetivo serviço, a fim de os colocar no domínio público através de divulgação, evitando assim qualquer patenteamento imprevisto noutros países.

5. **Marca colectiva/marca registada**: O emblema do ICAR é distinto/distinguível e bem conhecido
durante muito tempo. Será utilizada/registada como marca colectiva do ICAR. Outras marcas já utilizadas de boa fé pelas instituições do ICAR, por exemplo, "PUSA" pelo Indian Agricultural Research Institute ou "Arka" pelo Indian Institute of Horticultural Research, que também são bem conhecidas há muito tempo, podem ser utilizadas/registadas e utilizadas como as suas marcas respectivas, juntamente com a marca colectiva do ICAR.

6. **Direitos de autor**: Os direitos de autor do ICAR existem em todas as suas criações/obras institucionais, nomeadamente publicações, audiovisuais, desenhos, programas informáticos, etc., quer não registados quer registados. Os cientistas e outro pessoal do ICAR terão, no entanto, direitos de autor sobre as suas criações/obras individuais, literárias e científicas.

7. Desenhos e modelos. Os desenhos e modelos de qualquer valor comercial, desenvolvidos no ICAR, podem ser protegidos como desenhos e modelos registados ao abrigo da Lei dos Desenhos e Modelos ou da Lei dos Direitos de Autor, nos termos da lei.

8. Qualquer outra forma de DPI. Caso a caso, todos os resultados da investigação do ICAR que possam ser protegidos como DPI sob qualquer outra forma ao abrigo da legislação indiana serão protegidos e mantidos para permitir a sua transferência e utilização.

9. Know-How. Um saber-fazer disponível no ICAR, que pode conduzir ao desenvolvimento de um protótipo/produto comercial a partir de uma PI gerada pelos seus cientistas/académicos, constitui uma propriedade importante e potencialmente útil, independentemente de ser ou não patenteável. Esse saber-fazer pode ser utilizado para fins comerciais estratégicos na cadeia de produção tecnológica. O ICAR pode proteger esse saber-fazer como segredo comercial. Por conseguinte, deve ser celebrado um acordo de confidencialidade com a outra parte antes de ser efectuada qualquer demonstração da tecnologia ou da sua validação ou aumento de escala.

10. Conhecimentos tradicionais. A lei indiana sobre patentes e algumas outras leis sobre DPI exigem a divulgação dos conhecimentos tradicionais utilizados na invenção/inovação. Por conseguinte, o ICAR divulgará igualmente os conhecimentos tradicionais relacionados com as inovações efectuadas no seu estabelecimento em todos os seus pedidos de patentes/direitos de propriedade intelectual, na medida dos seus conhecimentos e informações.

11. O isolamento de genes indígenas de sistemas vegetais e animais e a sua aplicação a caraterísticas específicas terão um significado e perspectivas especiais. Por conseguinte, os serviços de recursos genéticos do ICAR para plantas, animais, peixes, insectos e microrganismos de importância agrícola envidarão esforços para registar, documentar e indexar estes conhecimentos no domínio público. O objetivo é desencorajar o registo de patentes dos conhecimentos tradicionais do domínio público.

Reivindicações de propriedade intelectual

ICAR/Instituições: Todas as reivindicações de propriedade intelectual, conforme aplicável, serão efectuadas apenas em nome da entidade jurídica, ou seja, o "Conselho Indiano de Investigação Agrícola", embora a investigação seja realizada por cientistas/inovadores que trabalham nas suas várias instituições. As instituições não podem reivindicar a propriedade intelectual em seu próprio nome.

Cientistas/inovadores: Os cientistas/inovadores do ICAR cederão os direitos de propriedade intelectual relativos aos resultados da investigação por eles obtidos ao seu empregador, ou seja, ao "Conselho Indiano de Investigação Agrícola". Embora não tenham o direito de reivindicar a propriedade da PI por eles gerada, serão reconhecidos como "verdadeiros e primeiros inventores/inovadores" dessa PI. No entanto, terão os seus próprios direitos de autor sobre as publicações da sua autoria, em conformidade com as regras24.

Disposições institucionais

1. Unidades de gestão tecnológica do instituto (ITMU).

As instituições do ICAR designarão/criarão ITMU. As ITMU tratarão de todas as questões relacionadas com a proteção, manutenção e transferência/comercialização da PI a nível do instituto, em conformidade com as presentes orientações e quaisquer outras decisões administrativas ou políticas tomadas periodicamente no ICAR. Procurarão obter aconselhamento/assistência específica, caso a caso, junto dos Centros Zonais de Gestão Tecnológica (ZTMC) a nível zonal ou da Unidade IP&TM na sede do ICAR.

2. Centros Zonais de Gestão Tecnológica (ZTMC)

O ICAR estabelecerá ZTMCs em instituições nacionais/centrais seleccionadas26 , identificadas como institutos de nível zonal. Os ZTMC funcionarão como secretariado dos respectivos

ZITMCs para aconselhar, coordenar e prosseguir a proteção da PI, manutenção e transferência/comercialização de assuntos relacionados com outras instituições do ICAR. Os ZTMCs serão apoiados pelo ICAR para melhorar as capacidades de gestão da PI.
Os ZTMCs seguirão as diretrizes e decisões políticas tomadas no ICAR de tempos em tempos Diretrizes do ICAR para IPM e Transferência / Comercialização de Tecnologia (Revisado em 2018) tempo e ajudará outras instituições NARS na zona / domínio do assunto em uma base caso a caso em questões relacionadas à gestão de IP e transferência / comercialização de tecnologia como e quando exigido pelo ICAR / DARE.

3. Unidade de Gestão da Propriedade Intelectual e da Tecnologia.

A Unidade IP&TM foi criada na sede do ICAR para a gestão da PI e transferência/comercialização de tecnologia na Índia. Prestará aconselhamento e apoio aos ZTMC e às ITMU, conforme necessário. Procederá à documentação com a ajuda das ITMUs/ZTMCs e manterá a base de dados de PI do ICAR. A unidade IP&TM providenciará os conhecimentos jurídicos e comerciais necessários através da contratação de peritos ou da subcontratação, etc. Também organizará/apoiará a formação em gestão da PI e os programas de desenvolvimento de recursos humanos.

Etapas preliminares.

Serão tomadas as seguintes medidas para obter a proteção da PI no ICAR

1. Todos os inventores/inovadores/criadores/autores devem ceder os direitos de propriedade intelectual dos seus resultados de investigação ao ICAR.
2. Todos os pedidos devem ser apresentados em nome de "Indian Council of Agricultural Research".
3. Os pedidos de patente/PVP/IPR apresentados pelo ICAR devem mencionar os nomes de todos os cientistas/inovadores em causa como verdadeiros e primeiros inventores/inovadores.
4. Os pedidos de patente/PVP/IPR serão assinados pelo signatário autorizado (diretor da instituição/instituto zonal em causa).
5. O processamento de todos os pedidos de patentes/ PVP/direitos de autor/outros DPI e a manutenção dos títulos de DPI serão efectuados em conformidade com as respectivas leis em matéria de DPI.

Procedimentos para a gestão de PI

1. Delegação de poderes/assinantes autorizados: O ICAR delega a autoridade para a proteção, manutenção e comercialização da PI aos diretores das instituições e ao ADG (IP&TM). Os diretores também cumprem obrigações perante a Autoridade Nacional para a Biodiversidade (NBA).
2. Divulgação da PI: Os cientistas do ICAR devem divulgar confidencialmente a PI potencial da sua investigação para efeitos de proteção.
3. Proteção e manutenção da PI: As ITMU (Unidades de Gestão da Propriedade Intelectual e da Tecnologia) em cada instituição tratam dos registos, da manutenção e da gestão da PI. Os ZTMC (Centros Zonais de Gestão Tecnológica) prestam assistência às instituições que não dispõem de capacidades de gestão da PI.
4. Patentes estrangeiras: A Unidade IP&TM gere patentes internacionais quando é identificado valor estratégico ou comercial, com as instituições a justificarem a proteção internacional.
5. PI multi-institucional: A PI resultante da investigação em colaboração entre instituições do ICAR é geralmente gerida pela instituição do Investigador Principal (PI) do projeto, com o acordo mútuo das instituições envolvidas.
6. PI em projectos coordenados: Para a PI gerada em projectos coordenados localizados em instituições do ICAR, a ITMU da instituição gere a proteção. Se o projeto se situar fora do ICAR, a ZTMC da zona em causa gere a proteção da PI.
7. IP em ATARI/KVK: A IP desenvolvida nos centros ATARI ou KVK é protegida pela ZTMC relevante, com o diretor do centro a fornecer os detalhes da IP à ZTMC e à sede do ICAR.
8. PI da investigação de pós-graduação: A PI gerada através da investigação de pós-graduação é gerida pela instituição onde decorreu a investigação, com o estudante e o supervisor a coordenarem a proteção da PI.
9. PI com parceiros estrangeiros: Ao colaborar com parceiros estrangeiros, a

instituição do ICAR arquiva na Índia para ter prioridade, e a propriedade e as acções posteriores são determinadas por política e acordo mútuo.
10. Outros casos de PI: Em casos diversos de PI, os ZTMCs, com a possível orientação da IP&TM, efectuam a proteção conforme adequado.

Referências:

Brahmachari, G. (2011). "Direitos de propriedade intelectual e patenteabilidade de microorganismos na Índia: Issues and Challenges". Indian Journal of Biotechnology, 10(1), 1-6.

Chawla, R. (2018). "Direitos de propriedade intelectual e agricultura: An Indian Perspective". Journal of Intellectual Property Rights, 23(3), 123-138.

Patra, B. C. (2017). "Questões políticas e jurídicas dos direitos de propriedade intelectual na agricultura". Revista Internacional de Investigação Agrícola Aplicada, 12(2), 97-107.

Ravindranath, N. H., & Hall, D. O. (1995). "Biotecnologia e Patenteamento: Perspectives from India".
Biotechnology Advances, 13(3), 313-323.

Sahai, S. (2004). "Leis de patentes e a proteção dos conhecimentos tradicionais: An Indian Perspective".
Journal of World Intellectual Property, 7(5), 563-579.

Singh, R.B. (2001). "Intellectual Property Rights in Agricultural Research: Impact and Implications in India". Current Science, 81(4), 429-436.

Tiwari, A., & Pal, S. (2008). "IPR Regime, Technological Progress and Productivity Growth in Indian Agriculture". Agricultural Economics Research Review, 21(Conference Issue), 117-124.

7. CONHECIMENTOS TÉCNICOS AUTÓCTONES

O conhecimento técnico indígena (ITK) é a soma de todos os conhecimentos e práticas que se baseiam nas experiências acumuladas das pessoas para lidar com situações e problemas em vários aspectos da vida e esses conhecimentos e práticas são especiais para uma determinada cultura. A integração dos conhecimentos científicos e tradicionais contribuiria para o desenvolvimento de tecnologias baseadas nas necessidades, mais adequadas à resolução de problemas, disponíveis localmente, facilmente aceitáveis, económicas, convincentes e credíveis para a clientela rural.

Importância e relevância do sistema de conhecimentos indígenas no sector agrícola

- Acessível para qualquer agricultor.
- Conservação e proteção do ambiente.
- Ambiente saudável / comida saudável.
- Prevenir/evitar a degradação ecológica.
- Mais segurança através de níveis mais elevados de resistência a doenças e pragas.
- Manter a fertilidade do solo através da reciclagem orgânica.
- Maior biodiversidade.
- Utilização eficiente dos recursos locais e naturais.
- Autossustentável.
- Facilmente transmissível de uma geração para a seguinte.
- Controlo eficaz das doenças dos animais de criação.

Ocidental vs. Indígena

- Os sistemas de conhecimento ocidentais assentam na ideia do positivismo, que é a crença de que a fonte de conhecimento mais fiável é a informação adquirida pelos sentidos e verificada por testes lógicos, científicos ou matemáticos. O conhecimento que não é obtido desta forma é encarado com grande desconfiança.
- Os sistemas de conhecimento indígenas, que se baseiam em crenças metafísicas, tendem a ver o conhecimento como muito mais subjetivo e, por isso, não são tão prescritivos na forma como o adquirem. Por outras palavras, há muitas formas diferentes de aprender sobre o mundo e o nosso lugar nele.

Personagens

- Conhecimento experimental
- Intuitivo e descritivo
- Enraizado no passado
- Empatia com todas as formas de vida
- Obrigação de manter a integridade ecológica
- Regras não escritas e normas sociais
- Influências comportamentais abrangentes

Desafios na utilização dos conhecimentos tradicionais

• O TK tem sido transmitido de geração em geração oralmente. Na ausência de uma documentação correta, os erros podem surgir no TK

• A maior parte do TK está na forma de provérbios, folclores e canções populares, que não podem ser lembrados facilmente

• A comunidade científica não aceita facilmente os TK porque muitos deles não têm interpretação científica

• A TK não consegue fazer frente à racionalidade científica

• Não é eficaz na produção em grande escala

• Falta de normalização e documentação das tecnologias e práticas indígenas

• A educação e a exposição, especialmente da geração jovem, à formação moderna influenciaram as atitudes das pessoas relativamente à utilização do conhecimento tradicional

• Falta de reprodutibilidade

• Distribuição desigual entre indivíduos, comunidades e regiões

A erosão dos sistemas IK

• algum IK perde-se naturalmente à medida que as práticas são modificadas ou deixadas sem utilização durante longos períodos de tempo.
• a atual taxa de perda pode ser atribuída à modernização e à homogeneização cultural,
• os actuais sistemas educativos que acreditam que os problemas a nível macro só podem ser resolvidos através de um conjunto de conhecimentos globais,
• Com o rápido crescimento da população, a imigração e os esquemas de realojamento do governo (no caso de grandes projectos de desenvolvimento), os

padrões de vida são frequentemente deteriorados.
• À medida que a pobreza aumenta, os ganhos económicos a curto prazo são escolhidos em detrimento de práticas locais respeitadoras do ambiente.
• A introdução da agricultura e da silvicultura científicas resulta numa perda de biodiversidade, conduzindo assim a um declínio do IK.
• A desflorestação leva ao desaparecimento de várias plantas medicinais preciosas e desconhecidas e, consequentemente, o conhecimento associado a essas plantas também diminui.
• Muitos dos conhecimentos tradicionais estão também a perder-se devido à falta de comunicação, uma vez que nem as crianças nem os adultos passam tanto tempo nas suas comunidades.
• Uma vez que o IK é geralmente transmitido oralmente, é suscetível de sofrer alterações, particularmente quando as pessoas se mudam para novas regiões ou quando os estilos de vida das pessoas tendem a ser diferentes dos dos seus antepassados.
• No entanto, os sistemas de educação formal destruíram os aspectos práticos da vida quotidiana dos conhecimentos e das formas de aprendizagem indígenas, substituindo-os por conhecimentos abstractos e formas de aprendizagem académicas.
• Atualmente, existe o grave risco de se perderem muitos conhecimentos indígenas e, juntamente com eles, conhecimentos valiosos sobre formas de vida sustentáveis.

Conservação dos conhecimentos tradicionais: (Mistura de conhecimentos tradicionais e científicos)

➢ Reforçar as capacidades das organizações regionais de investigação e de extensão
➢ Basear-se nos conhecimentos da população local adquiridos através de vários processos, tais como a comunicação entre agricultores e a experimentação dos agricultores
➢ Identificar a necessidade de um cientista da extensão/cientista social numa equipa de investigação regional interdisciplinar
➢ Formação de um consórcio de desenvolvimento de tecnologias sustentáveis para reunir agricultores, investigadores, ONG e extensionistas muito antes do processo de desenvolvimento de tecnologias
➢ Geração de opções tecnológicas em vez de pacotes técnicos fixos
➢ Delinear as áreas em que as organizações de investigação e extensão devem concentrar-se durante o processo de trabalho com os agricultores
➢ Compreendendo que é impraticável depender inteiramente das estações de investigação para as inovações, tendo em conta a inadequada capacidade dos recursos humanos do sistema de investigação regional
➢ Desenvolvimento de programas de extensão para validar as experiências dos agricultores.
➢ Validação das experiências dos agricultores por SMS, incentivando-os a

reproduzir as suas próprias experiências no seu próprio ambiente

Tentativas de proteção dos conhecimentos tradicionais

1. Convenção sobre a Biodiversidade - 1992

2. Sociedade para a Investigação e Iniciativas para Tecnologias e Instituições Sustentáveis (SRISTI) - Exploração de inovações por agricultores, artesãos, mulheres, etc., a nível das bases - 1993.
3. Gujarat Grassroots Innovations Augmentation Network (GIAN) - Aumenta a escala das inovações, acrescenta valor às inovações para manter a criatividade e a ética da experimentação - 1997.
4. Projeto em modo de missão sobre a recolha, documentação e validação de conhecimentos técnicos indígenas pelo ICAR no âmbito do NATP- 2000.

Referências:

Agrawal, A. (1995). "Dismantling the Divide Between Indigenous and Scientific Knowledge".
Development and Change, 26(3), 413-439.

Berkes, F. (1999). Ecologia Sagrada: Traditional Ecological Knowledge and Resource Management.
Taylor & Francis.

Brush, S. B. (2000). "Indigenous Knowledge and Intellectual Property Rights: The Role of Anthropology". American Anthropologist, 102(4), 797-810.

Convenção sobre a Diversidade Biológica. (1992). A Convenção sobre a Diversidade Biológica. Nações Unidas.

Gadgil, M., Berkes, F., & Folke, C. (1993). "Indigenous Knowledge for Biodiversity Conservation". Ambio, 22(2-3), 151-156.

Grenier, L. (1998). Trabalhar com o conhecimento indígena: A Guide for Researchers. Centro Internacional de Investigação para o Desenvolvimento.

Gupta, A. K. (2013). Inovação, empreendedorismo e desenvolvimento rural: The Honey Bee Network's Contributions. Sage Publications.

Haverkort, B., & Rist, S. (2007). Endogenous Development and Bio-Cultural Diversity: The Interplay of Worldviews, Globalization, and Locality. Série Compas sobre Visões do Mundo e Ciências.

ICAR (2000). Mission Mode Project on Collection, Documentation and Validation of Indigenous Technical Knowledge (Projeto de recolha, documentação e validação de conhecimentos técnicos indígenas). Conselho Indiano de Investigação Agrícola.

Johnson, M. (1992). Lore: Capturing Traditional Environmental Knowledge. Centro Internacional de Investigação para o Desenvolvimento.

Sociedade de Investigação e Iniciativas para Tecnologias e Instituições Sustentáveis (SRISTI). (1993).
Relatório anual.

Warren, D. M., Slikkerveer, L. J., & Brokensha, D. (1995). A dimensão cultural do desenvolvimento: Indigenous Knowledge Systems. Intermediate Technology Publications.

8. AVALIAÇÃO E APERFEIÇOAMENTO DA TECNOLOGIA

A avaliação e o aperfeiçoamento tecnológicos referem-se à avaliação sistemática e à modificação de tecnologias existentes ou novas para melhorar a sua eficácia, sustentabilidade e aplicabilidade em contextos específicos. Este processo é essencial na agricultura, uma vez que garante que as tecnologias satisfazem as necessidades de diversas partes interessadas, incluindo agricultores, investigadores, decisores políticos e comunidades.

Significado

A avaliação e o aperfeiçoamento da tecnologia envolvem uma análise crítica das tecnologias para determinar a sua adequação, eficiência e potencial de melhoria. O objetivo é melhorar o desempenho e a adaptabilidade da tecnologia a condições ambientais, sociais e económicas específicas. Este processo considera o impacto da tecnologia na produtividade, na sustentabilidade, na relação custo-eficácia e na aceitação social.

Importância

1. Relevância contextual: Ajuda a garantir que as tecnologias são adaptadas às condições locais, tendo em conta factores como o clima, o solo e as práticas culturais.
2. Sustentabilidade: Incentiva o desenvolvimento e a adoção de tecnologias que sejam ambientalmente sustentáveis e economicamente viáveis.
3. Envolvimento das partes interessadas: Envolve várias partes interessadas, garantindo que as tecnologias satisfazem as necessidades e preferências reais de quem as vai utilizar.
4. Inovação: Promove o aperfeiçoamento das tecnologias, fomentando a inovação e a melhoria contínua.
5. Mitigação de riscos: Avalia os potenciais riscos associados à adoção da tecnologia, ajudando a evitar consequências negativas não intencionais.

Abordagens e métodos de avaliação e aperfeiçoamento

1. Avaliação e aperfeiçoamento participativo de tecnologias

- Envolve as partes interessadas (agricultores, investigadores, extensionistas) no processo de avaliação para garantir que a tecnologia se adapta às suas necessidades e condições.
- Incentiva os ciclos de feedback em que os utilizadores podem contribuir para o aperfeiçoamento da tecnologia.

2. Avaliação dos conhecimentos tradicionais e indígenas

- Centra-se na avaliação das práticas tradicionais e sistemas de conhecimento, determinando a sua aplicabilidade e aperfeiçoando-os para uma utilização moderna.

- Reconhece o valor do conhecimento indígena e integra-o com abordagens científicas para criar soluções mais holísticas.

3. Avaliação das inovações de base

- Identifica e avalia as inovações desenvolvidas ao nível das bases pelas comunidades locais.
- Estas inovações são avaliadas em termos de escalabilidade, sustentabilidade e potencial para uma adoção mais alargada.
- Dá ênfase à capacitação das comunidades locais através do aperfeiçoamento e da divulgação das suas inovações.

Avaliação e aperfeiçoamento tecnológico na agricultura

A Avaliação e Aperfeiçoamento de Tecnologias (AAT) refere-se a um conjunto de procedimentos cujo objetivo é desenvolver recomendações para uma determinada situação/ local agro-climático através da avaliação e aperfeiçoamento de tecnologias recentemente lançadas através de uma abordagem participativa.

- Refere-se ao processo ou a um conjunto de actividades que antecedem a recolha de novas informações científicas para a sua divulgação num novo sistema de produção. Os OFT realizados pelas KVK baseiam-se neste conceito, distinguindo-se assim dos ensaios agronómicos e de investigação.
- O processo da TAR tem três componentes. São elas o ensaio da tecnologia, a adaptação da tecnologia e a integração da tecnologia. A TAR deve ser:

1. Específico do sítio
2. Holística
3. Participação dos agricultores
4. Solução técnica para os problemas existentes
5. Interdisciplinar
6. Interativo

Este processo envolve a ligação entre o cientista e o agricultor em termos de:

- Conhecimento suficiente das situações agrícolas
- Perceção adequada da situação dos agricultores e das suas necessidades
- A variabilidade das condições no estado da investigação em comparação com os campos dos agricultores
- Orientação para os problemas em vez de uma abordagem disciplinar

A avaliação tecnológica na agricultura pelas KVKs é o estudo e a avaliação de novas tecnologias em diferentes micro-localizações. Baseia-se na convicção de que as novas descobertas dos investigadores são relevantes para os sistemas agrícolas em geral e que o progresso tecnológico nunca pode estar isento de implicações. Além disso, a avaliação tecnológica reconhece o facto de que os cientistas das estações de investigação não são, normalmente, trabalhadores com formação ao nível do terreno e, por conseguinte, devem ser muito cuidadosos ao emitir juízos positivos sobre as implicações ao nível do terreno das suas próprias descobertas ou das novas tecnologias da sua organização. Tendo em conta os factores acima referidos, o ICAR previu a realização de ensaios na exploração agríco a através da sua vasta rede de 562 KVK, que abrange quase toda a área geográfica do país.

Referências:

ICAR. (2021). "Avaliação e refinamento de tecnologia na agricultura". Conselho Indiano de Investigação Agrícola.

Swaminathan, M.S. (1998). "Technology Development and Transfer in Indian Agriculture: Challenges and Opportunities". Current Science, 75(9), 963-969.

Chambers, R., Pacey, A., & Thrupp, L. A. (1989). Farmer First: Farmer Innovation and Agricultural Research. Intermediate Technology Publications.

Roy, M. M., & Singh, J. P. (2008). "Participatory Technology Development in Agriculture". Journal of Extension Education, 20(4), 33-38.

Kumar, S., & Bhattacharya, S. (2017). "Ensaios na fazenda e o papel dos KVKs na transferência de tecnologia". Agricultural Research Journal, 54(1), 1-5.

Sah, U., & Arora, M. (2012). "Farmer Participatory Technology Development: Challenges and Prospects". Journal of Rural Development, 31(2), 239-249.

Mishra, P. K. (2015). "Papel dos KVKs na avaliação e refinamento da tecnologia agrícola". Revista Internacional de Ciências Agrícolas, 7(6), 842-848.

Kothari, A., & Singh, D. (2019). "Inovações de base na agricultura indiana: Evaluation and Scaling". Jornal Indiano de Economia Agrícola, 74(2), 241-256.

Dey, A., & Das, M. (2020). "Integração do conhecimento tradicional e da ciência moderna na investigação agrícola". Journal of Extension Systems, 36(2), 45-57.

Gupta, A.K. (2013). Inovação, empreendedorismo e desenvolvimento rural: The Honey Bee Network's Contributions. Sage Publications.

9. ESTRATÉGIAS DE COMERCIALIZAÇÃO DE TECNOLOGIA

A comercialização de tecnologia refere-se ao processo de transformação de novas tecnologias e inovações em produtos ou serviços viáveis que podem ser introduzidos no mercado. Este processo envolve várias etapas, incluindo o desenvolvimento, a produção, o marketing e a distribuição, para garantir que a tecnologia chega efetivamente aos utilizadores finais. No contexto da agricultura, a comercialização de tecnologia é crucial para aumentar a produtividade, a sustentabilidade e a rentabilidade. Este documento explora o significado de comercialização de tecnologia e discute várias abordagens, incluindo o aumento de escala da tecnologia, o licenciamento de tecnologia, a assistência, o desenvolvimento de agro-empresários e a incubação de empresas de tecnologia.

1. Significado de Comercialização de Tecnologia

A comercialização de tecnologia é o processo de levar novas tecnologias da fase de investigação e desenvolvimento (I&D) para o mercado, onde podem ser utilizadas por consumidores, empresas e indústrias. Envolve não só os aspectos técnicos do desenvolvimento do produto, mas também o planeamento estratégico, a análise de mercado, a gestão da propriedade intelectual (PI) e a colaboração com várias partes interessadas. O principal objetivo da comercialização de tecnologia é converter ideias inovadoras em produtos ou serviços comercializáveis que gerem valor económico. Na agricultura, uma comercialização bem sucedida pode levar ao aumento do rendimento das culturas, à melhoria da segurança alimentar e à utilização sustentável dos recursos.

2. Abordagens para a comercialização de tecnologia

2.1. Expansão da tecnologia

O aumento de escala da tecnologia envolve a expansão da utilização de uma tecnologia de um ambiente pequeno e controlado para um mercado maior e mais alargado. Esta abordagem é essencial quando uma tecnologia se revelou eficaz em pequena escala e precisa de ser implantada em maior escala para chegar a mais utilizadores e gerar um impacto significativo.

Elementos-chave:

- Testes-piloto: Antes de serem ampliadas, as tecnologias são frequentemente submetidas a testes-piloto num contexto real para avaliar a sua eficácia, viabilidade e potenciais desafios.

- Desenvolvimento de infra-estruturas: A expansão exige frequentemente o desenvolvimento ou a melhoria das infra-estruturas, tais como instalações de fabrico, redes de distribuição e sistemas de apoio.

- Reforço de capacidades: Assegurar que os utilizadores finais, como os agricultores ou as empresas agro-industriais, possuem as competências e os conhecimentos necessários para adotar a tecnologia de forma eficaz.

Exemplo: A expansão bem sucedida dos sistemas de irrigação gota a gota em regiões áridas permitiu aos agricultores conservar a água e aumentar o rendimento das culturas, transformando as práticas agrícolas em zonas com escassez de água.

2.2. Licenciamento de tecnologia

O licenciamento de tecnologia é uma estratégia em que o proprietário de uma tecnologia (licenciante) concede autorização a outra parte (licenciado) para utilizar, fabricar e vender a tecnologia em troca de royalties ou outras formas de compensação. O licenciamento pode ser uma forma eficaz de comercializar tecnologia sem suportar o custo e o risco totais da entrada no mercado.

Tipos de licenças:

• Licenciamento exclusivo: Concede ao licenciado direitos exclusivos de utilização da tecnologia num determinado mercado ou região.

• Licenciamento não exclusivo: Permite que vários licenciados utilizem a tecnologia, conduzindo frequentemente a uma maior penetração no mercado.

Benefícios:

• Geração de receitas: O licenciamento proporciona um fluxo constante de receitas provenientes de royalties sem a necessidade de grandes investimentos de capital.

• Expansão do mercado: Ao licenciar a tecnologia a empresas estabelecidas, os inovadores podem entrar rapidamente em novos mercados e chegar a mais clientes.

• Mitigação do risco: O licenciante partilha o risco de comercialização com o licenciado, reduzindo o encargo financeiro global.

Exemplo: Uma variedade de sementes desenvolvida pela universidade pode ser licenciada a uma empresa de sementes, que depois produz e vende as sementes aos agricultores, permitindo uma adoção generalizada.

2.3.Pega de mão

A assistência refere-se ao apoio e orientação contínuos prestados aos inovadores e empresários durante o processo de comercialização. Esta abordagem é particularmente importante para os recém-chegados ao mercado, que podem não ter a experiência ou os recursos necessários para enfrentar as complexidades da comercialização.

Componentes da pega

• Mentoria: Profissionais experientes orientam os inovadores ao longo do processo de comercialização, oferecendo conselhos sobre o desenvolvimento de produtos, a entrada no mercado e a expansão.

• Formação: Fornecer formação de competências em áreas como a gestão empresarial, o marketing e as finanças para garantir o êxito da tecnologia no mercado.

• Trabalho em rede: Facilitar as ligações com potenciais investidores, clientes e parceiros para criar oportunidades de colaboração e crescimento.

Exemplo: Os serviços de extensão agrícola prestam frequentemente apoio aos agricultores que adoptam novas tecnologias, ajudando-os a ultrapassar desafios e a otimizar a utilização das inovações.

2.4. Desenvolvimento do empreendedorismo

O desenvolvimento do empreendedorismo agrícola centra-se na promoção e capacitação dos empresários do sector agrícola para comercializarem novas tecnologias. Esta abordagem é crucial para impulsionar a inovação na agricultura e criar empresas sustentáveis que contribuam para o crescimento económico.

Estratégias para o desenvolvimento de agro-empresários:

• Capacitação: Oferecer programas de formação que dotem os empresários agrícolas das competências técnicas e empresariais necessárias para serem bem sucedidos no mercado.

• Acesso ao financiamento: Facilitar o acesso a fontes de financiamento, tais como capital de risco, subvenções ou empréstimos, para apoiar o processo de comercialização.

• Acesso ao mercado: Ajudar os empresários agrícolas a identificar e entrar em novos mercados, tanto a nível local como internacional.

Exemplo: Os programas que apoiam o desenvolvimento de empresários agrícolas em áreas como a agricultura biológica, a agricultura de precisão ou o agro-processamento podem levar à comercialização de tecnologias e práticas inovadoras que aumentam a produtividade e a sustentabilidade agrícolas.

2.5. Incubação de empresas tecnológicas

A incubação de empresas tecnológicas consiste em proporcionar um ambiente de apoio às empresas em fase de arranque e às pequenas empresas para desenvolverem e comercializarem novas tecnologias. As incubadoras oferecem uma gama de serviços, incluindo espaço para escritórios, orientação, apoio técnico e acesso a financiamento.

Principais caraterísticas da incubação de empresas tecnológicas:

• Apoio às infra-estruturas: Disponibilizar espaço físico e recursos, tais como laboratórios, instalações de fabrico e escritórios, para ajudar as empresas a crescer.

• Serviços de desenvolvimento empresarial: Oferecer orientação sobre planeamento empresarial, estratégias de marketing e gestão financeira para garantir o sucesso da comercialização da tecnologia.

• Oportunidades de networking: Ligar as empresas incubadas a investidores, especialistas do sector e potenciais clientes para acelerar o crescimento.

Benefícios:

• Redução de riscos: As incubadoras ajudam a reduzir os riscos associados ao arranque e à expansão de uma empresa, fornecendo recursos e apoio essenciais.

• Tempo de colocação no mercado mais rápido: Com o apoio correto, as empresas podem colocar as suas tecnologias no mercado de forma mais rápida e eficiente.

• Aumento das taxas de sucesso: As empresas que passam por programas de incubação tendem a ter taxas de sobrevivência e de sucesso mais elevadas do que as que não passam.

Exemplo: Uma incubadora especializada em agro-tecnologia pode apoiar empresas em fase de arranque que desenvolvam novas tecnologias agrícolas, tais como ferramentas de agricultura de precisão, biofertilizantes ou sistemas de irrigação inteligentes, ajudando-as a introduzir estas inovações no mercado.

Conclusão

A comercialização de tecnologia é um processo complexo e multifacetado que requer um planeamento cuidadoso, uma tomada de decisão estratégica e os mecanismos de apoio adequados. Abordagens como a expansão tecnológica, o licenciamento, a assistência, o desenvolvimento de agro-empresários e a incubação de empresas tecnológicas são fundamentais para garantir que as novas tecnologias cheguem ao mercado e atinjam todo o seu potencial. Ao adotar estas estratégias, os inovadores e os empresários podem comercializar com sucesso as suas tecnologias, contribuindo para o crescimento económico e para o avanço das práticas agrícolas.

Referência:

Chesbrough, H. (2003). Open Innovation: The New Imperative for Creating and Profiting from Technology. Harvard Business Review Press.

Gambardella, A. (1995). Science and Innovation: The U.S. Pharmaceutical Industry and the Revolution in Molecular Biology. Cambridge University Press.

Mowery, D. C., & Rosenberg, N. (1989). Technology and the Pursuit of Economic Growth.
Cambridge University Press.

Rogers, E. M. (2003). Diffusion of Innovations (5ª ed.). Free Press.

Teece, D. J. (1986). "Profiting from Technological Innovation: Implications for Integration, Collaboration, Licensing and Public Policy". Research Policy, 15(6), 285-305.

Banco Mundial. (2006). Relatório sobre o Desenvolvimento Mundial 2007: O desenvolvimento e a próxima geração.
Publicações do Banco Mundial.

10. APOIO POLÍTICO À COMERCIALIZAÇÃO DE TECNOLOGIA E AO ESPÍRITO EMPRESARIAL

No nosso país, estão a funcionar regimes e projectos para promover a comercialização de tecnologias e o desenvolvimento do espírito empresarial entre os jovens rurais, as mulheres e os futuros empresários. Agri-Clinics and Agri-Business Centres (ACABC), regime do sector central gerido e implementado conjuntamente pelo National Institute of Agricultural Extension Management (MANAGE) e pelo National Bank for Agriculture and Rural Development (NABARD), Atal Incubation Centre (AIC) apoiado pelo NITI Aayog, Instituto de Formação para o Auto-Emprego Rural (RSETI) gerido por bancos com a cooperação ativa do Governo da Índia e do Governo do Estado, na linha do RUDSETI (Instituto de Formação para o Desenvolvimento Rural e o Auto-Emprego), Parque Tecnológico Rural (RTP) do NIRD, Banco MUDRA criado ao abrigo do Pradhan Mantri MUDRA Yojana (PMMY), Conselho de Competências Agrícolas da Índia (ASCI), programas de subsistência rural ao abrigo do regime ASPIRE do Ministério das Micro, Pequenas e Médias Empresas, etc. são alguns dos programas e instituições de apoio ao desenvolvimento do espírito empresarial na Índia. Eis alguns dos programas e regimes de comercialização de tecnologia e de desenvolvimento do espírito empresarial:

1. PM VIshwakarma Kaushal Samman (PM VIKAS)

- Lançado em 1 de fevereiro de 2023
- Capacitar os artesãos tradicionais, integrando-os na cadeia de valor das MPME, apoio financeiro e acesso às tecnologias mais recentes.

2. Fundo Self-Reliant India (SRI)

- Lançado em 2020
- Lançado em: Pacote Atma Nirbhar
- Fundo: Rs.10, 000 cr
- Objetivo: objetivo de apoiar as empresas de capital de risco (VC) / capital de risco (PE) a investir no segmento das MPME

3. Programa NIDHI (National Initiative for Developing and Harnessing Innovations)

- Lançado por: Departamento de Ciência e Tecnologia
- Lançado em: março de 2020
- Um programa para a criação de viveiros de empresas, fundos de arranque, aceleradores e subvenções de "prova de conceito" para inovadores e empresários.
- No âmbito da NIDHI, foi lançado o programa PRAYAS (Promoting and Accelerating Young and Aspiring innovators & Startups), no âmbito do qual as

incubadoras de empresas tecnológicas (TBI) estabelecidas são apoiadas com uma subvenção PRAYAS para apoiar os inovadores e os empresários com subvenções para a "prova de conceito" e o desenvolvimento de protótipos.

• É concedida uma subvenção máxima de 220 lakh a um TBI para a criação de um centro PRAYAS, que inclui 100 lakh para PRAYAS SHALA, 20 lakh para os custos operacionais do centro PRAYAS e um máximo de 10 lakh a um inovador para o desenvolvimento de um protótipo. O TBI financia dez inovadores por ano.

4. Plataforma digital ASEEM

• Lançado em **julho de 2020**

• Lançado por: Ministério do Desenvolvimento de Competências e do Empreendedorismo

• Acrónimo de ASEEM- Artificial Inteligência Artificial baseada no "Atmanirbhar Mapeamento de Empregadores de Empregados Qualificados.

• Objetivo: Colmatar o fosso entre a oferta e a procura de mão de obra qualificada em todos os sectores e melhorar o fluxo de informação.

• Os pormenores dos trabalhadores serão mapeados pelo portal com base nas regiões e na procura da indústria local.

5. Regime Yuva Sahakar

• Lançado em novembro de 2018

• Lançado por: NCDC

• Objetivo: Dar asas aos jovens empresários da Cooperativa

• O regime estará ligado ao Fundo Cooperativo para o Arranque e a Inovação (CSIF), de 1000 milhões de euros, criado pela NCDC.

6. Esquema ASPIRE

• Lançado em 16 de março de 2016

• Lançado por: Ministério das MPME

• Acrónimo de ASPIRE: A Scheme for Promotion of Innovation Rural Industries and Entrepreneurship.

• Objetivo: Estabelecer uma rede de centros tecnológicos e centros de incubação para acelerar o empreendedorismo e também para promover as empresas em fase de arranque para a inovação no sector agrícola.

7. Missão de Inovação Atal (AIM): 2016

• Iniciativa emblemática do NITI Aayog para promover a inovação e o empreendedorismo em todo o país.

• Objetivo: criar e promover um ecossistema de inovação e empreendedorismo em todo o país a nível das escolas, universidades, instituições de investigação, MPME e indústria.

- Laboratórios Atal Tinkering: Criar mentalidades de resolução de problemas nas escolas. Os objectivos pretendidos que serão alcançados pelo AIM são
- Criação de 10000 Atal Tinkering Labs (ATLs),
- Criação de 101 Centros de Incubação Atal (AIC),
- Criação de 50 Centros Comunitários de Inovação Atal (ACIC) e
- Apoio a 200 empresas em fase de arranque através do programa Atal New India Challenges.
- Mentor da Mudança - Indústria, Academia, Governo, Colaborações Globais

8. Programa Aatmanirbhar Bharat ARISE-ANIC

- Lançado em setembro de 2020
- O programa Aatmanirbhar Bharat ARISE-ANIC é uma iniciativa nacional destinada a promover a investigação e a inovação e a aumentar a competitividade das empresas indianas em fase de arranque e das MPME.
- O objetivo do programa Aatmanirbhar Bharat ARISE-ANIC é colaborar proactivamente com ministérios conceituados e com as indústrias associadas para catalisar a investigação e a inovação e facilitar soluções inovadoras para problemas sectoriais.

9. Programa de empreendedorismo "Start Up Village" (SVEP)

- Lançado em 2016-17.
- Objectivos: apoiar os empresários das zonas rurais na criação de empresas locais.

10. Start Up Índia

- Lançado em 16 de janeiro de 2016
- Objetivo: Flexibilizar certas regras e regulamentos para as empresas em fase de arranque. Promover competências empresariais que conduzam à criação de emprego.

9. Stand Up India: (abril, 2016)

- Objetivo: Apoiar o espírito empresarial das mulheres e das comunidades SC e ST. Centra-se em potenciais empresários pertencentes às comunidades SC e ST.

10. Pradhan Mantri MUDRA Yojana

- Lançado em: abril de 2015
- Acrónimo de MUDRA: Micro units Development and Refinancing Agency
- Concessão de empréstimos a preços acessíveis até 10 lakh a pequenas e

microempresas não empresariais e não agrícolas (artesãos, transformadores de produtos alimentares, operadores de camiões, unidades de serviços alimentares, oficinas de reparação, operadores de máquinas)
• Os SHG e os SHG de mulheres serão promovidos para se tornarem Dhanya Lakshmi (bancos de sementes) utilizando o Mudra Yojana (fevereiro de 2020)

11. *Pradhan Mantri Kaushal Vikas Yojana (PMKVY)

• Principal programa emblemático do Ministério de Desenvolvimento de Competências e Empreendedorismo.
• Lançado em: 2015

• Implementado por: Corporação Nacional de Desenvolvimento de Competências (NSDC)

• Objetivo: permitir que um grande número de jovens indianos receba formação em competências relevantes para a indústria que os ajudará a garantir uma melhor subsistência.
• As pessoas com experiência ou competências de aprendizagem anteriores também serão avaliadas e certificadas ao abrigo do Reconhecimento de Aprendizagem Prévia (RPL).
• Objetivo: beneficiar 10 milhões de jovens durante o período de 2016-2020.

12. CAMPEÃO

• Um portal de MPME para resolver as queixas dos empresários. Lançado em: 14 de maio de 2020

13. Programa Sahakar Mitra: Programa de estágios (SIP)

• Lançado por: Ministério da Agricultura e do Bem-Estar dos Agricultores

• Iniciativa de: Corporação Nacional de Desenvolvimento de Cooperativas (NCDC)

• Lançado em: 12 de junho de 2020

• Objetivo: ajudar as instituições cooperativas a aceder a ideias novas e inovadoras de jovens profissionais, ao mesmo tempo que os estagiários adquirem experiência de trabalho no terreno para serem autónomos.
• Em consonância com Atma Nirbhar Bharat (Índia autossuficiente), centra-se na importância do Vocal para o Local.

14. Rajiv Gandhi Udyami Mitra Yojana (RGUMY)

• Lançado por: Ministério das MPME

• Lançado em: 2008

• Objetivo: Um regime de promoção e apoio às micro e pequenas empresas

15. PROGRAMA DE GERAÇÃO DE EMPREGO DO PRIMEIRO MINISTRO (PMEGP)

- Lançado por: Ministério das MPME
- Lançado em: 2008-09.
- Objetivo: Criar oportunidades de autoemprego através da criação de microempresas no sector não agrícola.
- Grande programa de subvenções ligadas ao crédito

16. Roshni- Programa de desenvolvimento de competências

- Para os jovens tribais das zonas Naxal Lançado por: Ministério do Desenvolvimento Rural
- Lançado em: 7 de junho, 2013
- Objetivo: Oferecer emprego a 50 000 jovens tribais na faixa etária dos 10 aos 35 anos em 24 distritos afectados pelos Naxal.

17. Subsídio de capital ligado ao crédito - Regime de atualização tecnológica (CLCS- TUS)

- Lançado em: fevereiro de 2019
- Lançado por: Ministério das MPME

18. Agrupamentos SFURTI: Regime do Fundo para a Regeneração das Indústrias Tradicionais

- Lançado por: Ministério das MPME em: 2005
- Agência nodal: O KVIC é a agência nodal para a promoção do desenvolvimento de clusters para Khadi, bem como para produtos da indústria da aldeia.
- Aglomerados actuais: 76 (Palm Gur, Neera)

19. Missão Solar Charkha

- Lançado em: 27 de junho de 2018
- Objetivo: O regime, orientado para as empresas, prevê a criação de "agrupamentos de Charkha solares" que terão 200 a 2042 beneficiários (fiandeiros, tecelões, costureiras e outros artesãos qualificados) das aldeias circundantes num raio de 8 a 10 km.

20. Fabricar na Índia

- Lançado em 2014
- Atrair capitais e investimentos tecnológicos para a Índia

• O regime centra-se na criação de emprego e no reforço das competências em 25 sectores da economia.
• O logótipo da iniciativa Make in India é o "Leão

21. Competências na Índia

• Lançado em março de 2015

• Criar oportunidades, espaço, âmbito para o desenvolvimento dos talentos da juventude indiana.

22. Centros Agri-Clinic e Agri-Business

• Lançado por: Govt. of India em 2002

• ACABC gerido e formulado por: MANAGE

• Financiamento por: NABARD

• Empreendimento por conta própria

• Taxa de subvenção: 36% para os cidadãos em geral, 44% para as SC, ST, mulheres e pessoas do Nordeste Número mínimo de membros necessário: 05.
• O custo máximo para um indivíduo é de 20 lakhs, para um grupo de cinco pessoas é de um crore

• Está igualmente previsto um limite adicional de 5 milhões de rupias para efeitos de subvenção para empresas extremamente bem sucedidas.

• Número gratuito: 1800 425 1556.

• Horários do ACABC: Das 9h às 17h30min.

• Criação do primeiro ACABC em Vapi, Bulsar (Dist), Gujarath por Sunil Kumar.

• O período de formação para o estagiário ao abrigo do regime ACABC é de 2 meses.

Programa de Formação de Atualização (RTP): Realizado para empresários agrícolas estabelecidos com um mínimo de 3 anos de experiência para atualizar os seus conhecimentos na área de atividade escolhida e para promover ligações comerciais e ligações bancárias.

• No âmbito do ATMA, um mínimo de 10% dos recursos deve ser utilizado em actividades de extensão através de empresários agrícolas e ONG.

23. READY- Rural and Entrepreneurship Awareness Development Yojana

• Lançado em: julho, 2015.

• Lançado por: ICAR

• Objetivo: Promover as competências empresariais entre os estudantes do sector agrícola.

• Esta iniciativa proporcionará aos estudantes a oportunidade de aprenderem e compreenderem as práticas agrícolas em colaboração com os agricultores.

24. a-IDEA (Associação para a Inovação e o Desenvolvimento do Empreendedorismo na Agricultura)

• Lançado em: 2017

• Lançado por: ICAR-NAARM

• Incubadora de Empresas Tecnológicas (TBI)

25. Incubadora de Pusa Krishi

• Lançado em: 24 Dez, 2018

• Lançado por: ICAR-IARI

• Programa Agri Start-Up/Agri Incubator

26. SFAC: Small Farmer's Agribusiness Consortium (Consórcio agroindustrial de pequenos agricultores)

• Lançado em 1994

• Objetivo: Ligar os pequenos agricultores à cadeia de valor agrícola, o que inclui investimentos, tecnologia e mercados em associação com o sector privado, empresarial ou cooperativo.

27. Organização Social de Microfinanças

• Lançado por: Ministério das Micro, Pequenas e Médias Empresas (MPME)

• Lançado em: 2020

• Objetivo: criar um sistema de captação de depósitos para conceder empréstimos até 10 lakh a mulheres e pequenos empresários.

28. Regime de garantia de linha de crédito de emergência (ECLGS)

• Lançado por: Ministério das Finanças

• Lançado em: maio de 2020 (como parte do Atmanirbhar Bharat)

• Objetivo: Fornecer uma linha de crédito a empresários individuais (6,3 milhões de MPME)

• Conceder mais 20% de crédito sem garantias aos empresários.

29. Mahila e-haat- Plataforma em linha

• Lançado por: Ministério da Mulher e do Desenvolvimento Infantil

• Lançado em: 7 de março, 2016

• Uma iniciativa destinada às mulheres empresárias e aos grupos de autoajuda para mostrarem os seus produtos feitos ou fabricados por elas numa plataforma em linha.

30. Formação de competências dos jovens rurais (STRY)

• Lançado em 2015-16

• Subcomponente da Sub-Missão de Extensão Agrícola (SAME) da NMAET.

• Instituto nodal: MANAGE

• Implementado por: ATMA & SAMETI

• Objetivo: ministrar aos jovens rurais uma formação baseada em competências em domínios profissionais de base agrícola na agricultura e em domínios conexos, a fim de promover o emprego nas zonas rurais e criar mão de obra qualificada para realizar operações agrícolas e não agrícolas. Por exemplo, STRY - Formação de competências para jovens rurais em "Reparação e manutenção de máquinas agrícolas". Máquinas agrícolas"

Referências:

Organização das Nações Unidas para a Alimentação e a Agricultura. (2024). Women in Agriculture. https://www.fao.org/reduce- rural-poverty/our-work/women-in-agriculture.

K. Ponnuswamy e Pavindra Sharma. (2015). Sensibilização de género para o desenvolvimento. Instituto Nacional de Investigação dos Produtos Lácteos, perto de Hyderabad, Índia.

GERIR. (2021). PGDAEM. Integração do género no desenvolvimento agrícola. Instituto Nacional de Gestão da Extensão Agrícola (MANAGE) Rajendranagar, Hyderabad - 500030. Índia.

Raghavendra, C. (2022). Extensão abrangente e competitiva. Editora Jaya.
Governo da Índia. (2024). Schemes and programmes. Ministério da Mulher e do Desenvolvimento Infantil.
https://wcd.nic.in/https://pib.gov.in/PressReleasePage.aspx?PRID=1882218.

Governo da Índia. (2024). Schemes and programmes. ICAR - Instituto Central para as Mulheres na Agricultura (ICAR-CIWA). https://icar-ciwa.org.in.

11. INCUBAÇÃO E PROMOÇÃO DE TECNOLOGIAS

A incubação tecnológica envolve o fornecimento de recursos, apoio e orientação a empresários e empresas em fase de arranque para os ajudar a desenvolver e comercializar novas tecnologias.

Serviços de apoio à incubadora tecnológica / Funções

1. Disponibilização de espaço físico: As incubadoras oferecem espaço para escritórios, laboratórios e outras instalações necessárias para que as empresas em fase de arranque desenvolvam os seus produtos ou tecnologias.

2. Serviços de apoio às empresas: Inclui orientação, treino e formação em áreas como o desenvolvimento empresarial, marketing, angariação de fundos e gestão da propriedade intelectual.

3. Acesso a recursos: As incubadoras fornecem acesso a equipamento, tecnologia e infra-estruturas necessárias para o desenvolvimento e teste de produtos.

4. Criação de redes e colaboração: Facilitam as oportunidades de criação de redes com outros empresários, investidores, especialistas do sector e potenciais parceiros.

5. Assistência ao financiamento: As incubadoras podem ajudar as empresas em fase de arranque a obter financiamento através de subvenções, investimentos ou outras opções de financiamento.

6. Validação e feedback: Oferecem validação de ideias e produtos, bem como feedback de mentores e consultores para ajudar a aperfeiçoar as estratégias empresariais.

7. Formação e workshops: Programas educativos e workshops que abrangem vários aspectos do empreendedorismo e da comercialização de tecnologia.

Tipos de incubação tecnológica

1. Incubadoras tecnológicas gerais: Apoiam empresas em fase de arranque em vários sectores.
2. Incubadoras específicas do sector: Concentram-se em sectores ou nichos específicos.
3. Incubadoras afiliadas a universidades: Associadas a universidades, oferecem recursos a estudantes, professores ou antigos alunos.

4. Incubadoras de empresas: Criadas por empresas para promover a inovação.
5. Aceleradores: Proporcionam orientação e formação intensivas durante um curto período de tempo.
6. Incubadoras virtuais ou remotas: Oferecem apoio online sem co-localização física.

7. Incubadoras regionais ou apoiadas pelo governo: Estimulam o crescimento económico em áreas específicas.

8. Incubadoras sem fins lucrativos ou de impacto social: Centram-se em empresas em fase de arranque que enfrentam desafios sociais ou ambientais.

9. Cada tipo serve diferentes necessidades das empresas em fase de arranque, fornecendo recursos, orientação e oportunidades de criação de redes para promover o crescimento e o sucesso.

Processo de incubação tecnológica :

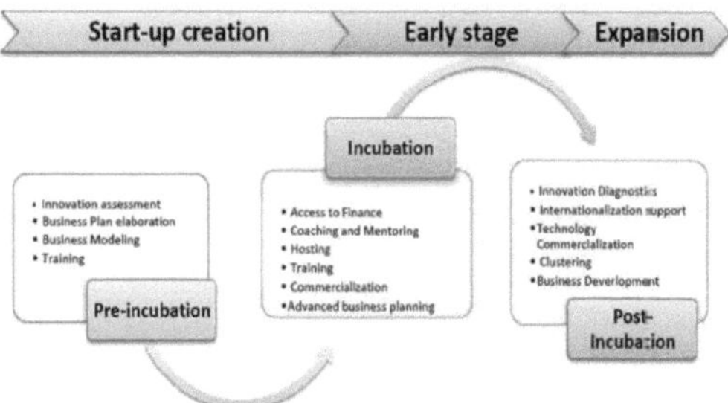

Fases de incubação

Pré-Incubação: É a primeira das três fases do programa de incubação tecnológica. Esta fase permite que os empresários disponham de alojamento gratuito e de apoio empresarial gratuito para os ajudar a investigar e a definir a forma como pretendem desenvolver a sua empresa e a apresentar esta história num plano de negócios sólido que descreva a oportunidade de negócio que está a ser procurada, uma estratégia de marketing e de vendas, a equipa de gestão proposta, os aspectos operacionais da empresa e as finanças da empresa. A Pré-Incubação ajuda os empresários a desenvolverem as suas ideias de negócio até à comercialização dos seus produtos. O processo é a sua capacidade de sustentar a empresa enquanto resiste à tempestade associada à criação de uma empresa. **Incubação:** Na segunda fase, a fase de incubação, a ideia de negócio é alimentada e desenvolvida através de uma série de resoluções de problemas. De acordo com Simon, o problema pode ser definido como o que existe num estado perturbado. A resolução de problemas é uma mudança desse estado de desconforto para um estado mais desejado pelo empresário. O programa de incubação implica um acompanhamento e uma avaliação diários, seguidos de um relatório para verificar se os problemas identificados são resolvidos pelo pessoal especializado. Durante o período de incubação, é necessária uma simetria de informação. Existe um fluxo livre de informações da direção para os empresários, o que ajuda a resolver os problemas dos empresários, contribuindo assim para o crescimento e o desenvolvimento das pequenas e médias empresas.

Pós Incubação: Na terceira e última fase, a fase de avaliação, as empresas graduadas são ligadas a espaços e fornecedores de recursos para as apoiar quando deixam o Centro de incubação. Esta fase consiste na monitorização e avaliação das actividades empresariais dos empresários graduados e na garantia de que continuam a usufruir de todos os serviços de apoio de uma forma altamente subsidiada para a continuidade do negócio. É altamente recomendável que sejam transferidos para um Parque Científico, que é um local maior para alojar tecnologia e é gerido por profissionais especializados.

Prospeção tecnológica

É o processo de procura ativa de tecnologias novas e emergentes com potencial para responder a necessidades específicas ou melhorar produtos, serviços ou processos existentes. Envolve a monitorização sistemática de várias fontes, como instituições de investigação, empresas em fase de arranque, publicações académicas, patentes, conferências da indústria e eventos de ligação em rede para identificar tecnologias promissoras.

Importância

- Promove a inovação e mantém as organizações na vanguarda.
- Proporciona uma vantagem competitiva através da identificação de novas oportunidades.
- Ajuda a reduzir os riscos associados às mudanças tecnológicas.
- Oferece informações valiosas sobre o mercado para a tomada de decisões estratégicas.
- Facilita parcerias e colaborações para benefício mútuo.
- Optimiza os custos, concentrando-se em tecnologias de elevado potencial.
- Estimula o crescimento da empresa através da abertura de novos mercados e fluxos de receitas.

Promoção tecnológica

1. Significado da promoção tecnológica

A promoção tecnológica refere-se aos esforços e actividades estratégicos empreendidos para criar sensibilização, interesse e procura de tecnologias novas ou existentes entre potenciais utilizadores, investidores, partes interessadas da indústria e o público em geral. O objetivo final da promoção tecnológica é facilitar a adoção e a difusão de tecnologias, apresentando os seus benefícios, aplicações e potencial comercial. Este processo é crucial para colmatar o fosso entre o desenvolvimento tecnológico e a aceitação pelo mercado, garantindo que as inovações chegam aos utilizadores previstos e geram valor económico e social. Uma promoção tecnológica eficaz envolve uma combinação de estratégias de comunicação, demonstração e ligação em rede concebidas para envolver diferentes públicos e incentivar a adoção de novas tecnologias. Estes esforços são essenciais para impulsionar a inovação, fomentar parcerias e acelerar a comercialização de tecnologias em vários sectores, incluindo a agricultura, os cuidados de saúde, as tecnologias da informação e a indústria transformadora.

2. Tipos de promoção tecnológica

São normalmente utilizadas várias abordagens e eventos para promover as tecnologias junto de diversos públicos. Cada tipo serve um objetivo único na estratégia mais alargada de promoção de tecnologias:

a. Reuniões de negócios

As reuniões de negócios são interações organizadas entre criadores de tecnologia, empresas, investidores e outras partes interessadas para discutir potenciais colaborações, parcerias ou investimentos. Estas reuniões constituem uma oportunidade para os criadores de tecnologia apresentarem as suas inovações, receberem feedback e explorarem oportunidades de comercialização. Podem ser formais ou informais e são frequentemente adaptadas às necessidades específicas dos participantes.

Principais vantagens:

- Facilita a comunicação direta entre fornecedores de tecnologia e potenciais parceiros comerciais.
- Ajuda a identificar e a responder às necessidades e interesses específicos das partes interessadas.
- Fornece uma plataforma para a negociação de acordos de licenciamento, joint ventures ou acordos de financiamento.

b. Encontros entre cientistas, indústria e empresários

Estes eventos foram concebidos para colmatar o fosso entre a investigação científica e as necessidades da indústria, reunindo cientistas, investigadores, empresários e líderes da indústria. O objetivo é facilitar o intercâmbio de conhecimentos, promover a inovação e explorar o potencial de comercialização dos resultados da investigação.

Principais vantagens:

- Promove a colaboração entre o meio académico e a indústria, conduzindo à co-criação de tecnologias que respondem a desafios do mundo real.
- Incentiva a tradução da investigação científica em produtos e serviços comercializáveis.
- Fornece um fórum para discutir o processo de comercialização, incluindo

desafios, oportunidades e melhores práticas.

c. Conclaves tecnológicos

Um conclave tecnológico é um evento de grande escala que se centra em tecnologias emergentes e inovações em vários sectores. Estes eventos incluem normalmente discursos de abertura, painéis de discussão, exposições e sessões de trabalho em rede, reunindo um grupo diversificado de partes interessadas, incluindo criadores de tecnologia, investidores, decisores políticos e especialistas do sector.

Principais vantagens:

- Apresenta tecnologias e tendências de ponta a um público alargado.
- Incentiva a criação de redes e a colaboração entre participantes de diferentes sectores.
- Dá a conhecer o futuro da tecnologia e o seu potencial impacto nas indústrias e na sociedade.

d. Concursos de planos de negócios

Os concursos de planos de negócios são eventos em que os empresários apresentam as suas ideias ou planos de negócios a um painel de jurados, incluindo frequentemente investidores, líderes da indústria e académicos. Estes concursos destinam-se a identificar tecnologias e modelos empresariais promissores, proporcionando aos vencedores financiamento, orientação e outros recursos para os ajudar a comercializar as suas inovações.

Principais vantagens:

- Incentiva o desenvolvimento de modelos empresariais viáveis para as novas tecnologias.
- Proporciona aos empresários um feedback valioso, exposição e oportunidades de estabelecimento de contactos.
- Oferece financiamento potencial e apoio a empresas e tecnologias promissoras em fase de arranque.

e. Feiras de agricultores

As feiras de agricultores são eventos agrícolas em que novas tecnologias, práticas e inovações agrícolas são apresentadas aos agricultores e a outros intervenientes no sector agrícola. Estes eventos são normalmente organizados por instituições de investigação agrícola, agências governamentais ou associações industriais e podem incluir demonstrações, workshops e exposições.

Principais vantagens:

- Envolve diretamente os agricultores, proporcionando-lhes experiência prática e conhecimento das novas tecnologias.

• Facilita a divulgação de inovações susceptíveis de melhorar a produtividade e a sustentabilidade agrícolas.

• Incentiva a adoção das melhores práticas e das tecnologias modernas na agricultura.

f. Espectáculos de tecnologia

As feiras tecnológicas, ou exposições tecnológicas, são exposições onde empresas, instituições de investigação e empresas em fase de arranque apresentam as suas mais recentes inovações tecnológicas. Estes eventos atraem um vasto leque de participantes, incluindo potenciais compradores, investidores e especialistas do sector, e são frequentemente utilizados para lançar novos produtos ou serviços.

Principais vantagens:

• Proporciona uma plataforma para apresentar inovações a um público vasto e diversificado.

• Facilita a criação de redes e oportunidades de desenvolvimento de negócios.

• Ajuda as empresas e os inovadores a ganhar visibilidade no mercado e a atrair potenciais clientes e parceiros.

Referências

Allen, K. R. (2019). Lançamento de novos empreendimentos: An Entrepreneurial Approach. Cengage Learning.

Rogers, E. M. (2003). Diffusion of Innovations (5ª edição). Free Press.

Associação Nacional de Incubação de Empresas (NBIA) (2020). Melhores Práticas em Incubação de Empresas: A Handbook. Associação Nacional de Incubação de Empresas.

Link, A. N., & Scott, J. T. (2011). Bens públicos, ganhos públicos: Calculating the Social Benefits of Public R&D. Oxford University Press.

Drucker, P. F. (1985). Innovation and Entrepreneurship: Practice and Principles. Harper & Row.

Printed by Books on Demand GmbH, Norderstedt / Germany